VISUAL DISPLAY OF BRAND CLOTHING

品牌服装视觉陈列（第二版）

汪郑连 胡海鸥 陈渊峰
编 著

本书视频资源

纺织服装高等教育“十四五”部委级规划教材
浙江省普通高校“十四五”新形态教材
浙江省高职院校“十四五”重点立项建设教材

東華大學出版社·上海

内容提要

《品牌服装视觉陈列》是在《品牌服装视觉陈列实训》的基础上全新修订而成。教材的实践部分围绕服装陈列岗位典型工作任务展开，涵盖了各视觉陈列实训项目的学时安排、基本程序、项目总结等内容，突出学生在项目任务实训过程中的体验，强调提升学生在团队实践中的操作能力和沟通协作能力。教材的理论知识部分讲解了各类陈列任务的特点、设计内容、设计原则和设计手法等，并辅以大量时尚品牌的最新陈列案例及教学视频。这些内容涵盖了视觉陈列认知、视觉陈列构成、卖场空间布局与动线设计、卖场陈列氛围营造、橱窗设计、卖场陈列调研、卖场专题陈列七个方面。

本教材强调理实一体，同时兼顾线上与线下混合教学模式，内容图文并茂、生动有趣，形式多样，有利于激发学生的学习兴趣，适用于服装陈列及相关课程的学生，也适合有志于从事店铺陈列等相关行业的人员学习和参考。

图书在版编目（CIP）数据

品牌服装视觉陈列 / 汪郑连，胡海鸥，陈渊峰编著.
-- 2 版. -- 上海：东华大学出版社，2025.2
ISBN 978-7-5669-2369-1
Ⅰ. ①品… Ⅱ. ①汪… Ⅲ. ①服装- 陈列设计
Ⅳ. ① TS942.8
中国国家版本馆 CIP 数据核字 (2024) 第 098561 号

责任编辑：张力月
装帧设计：上海商务数码图像技术有限公司

品牌服装视觉陈列（第二版）
PINPAI FUZHUANG SHIJUE CHENLIE（DI ER BAN）
编　　著：汪郑连　胡海鸥　陈渊峰
出　　版：东华大学出版社
（上海延安西路 1882 号　邮编编码：200051）
本社网址：http://dhupress.dhu.edu.cn
淘宝书店：http://dhupress.taobao.com
营销中心：021-62193056　62373056　62379558
印　　刷：上海盛通时代印刷有限公司
开　　本：787mm×1092mm　1/16
印　　张：12.5
字　　数：344 千字
版　　次：2025 年 2 月第 2 版
印　　次：2025 年 2 月第 1 次印刷
书　　号：ISBN 978-7-5669-2369-1
定　　价：79.00 元

编　　著：汪郑连　浙江纺织服装职业技术学院　副教授
胡海鸥　浙江纺织服装职业技术学院　讲师
陈渊峰　浙江纺织服装职业技术学院　讲师
参　　编：郑　宁　浙江纺织服装职业技术学院　副教授
陈海珍　浙江纺织服装职业技术学院　教授
柴　瑛　浙江纺织服装职业技术学院　讲师
靳高霞　浙江纺织服装职业技术学院　讲师
朱　伟　浙江纺织服装职业技术学院　讲师
朱俊丽　浙江纺织服装职业技术学院　副教授
于　虹　浙江纺织服装职业技术学院　副教授
曹志豹　宁波雅戈尔服饰有限公司　运营部经理
贾红妍　宁波博洋集团　陈列部经理

PREFACE

〉前言

视觉陈列在欧洲和美国等地的发展已逾百年，如今这一卖场营销手段在中国也获得了广泛认可和使用。随着新质生产力的提升和服装产业的转型升级，我国服装陈列行业正积极迈向数字化、智能化、绿色环保、定制化与个性化，以及跨界融合的新征程，这无疑为视觉陈列师们带来了前所未有的挑战与机遇。

浙江纺织服装职业技术学院的服装陈列与展示设计专业，凭借对视觉陈列理论的深入研究与课程实践，于 2012 年 7 月研发出版了《品牌服装视觉陈列实训》教材。顺应互联网和信息技术的发展，该教材融合"岗课赛证"理念，于 2020 年 5 月以新形态形式改版为《品牌服装视觉陈列》。截至目前，该教材累计销售两万册，广泛应用于闽南理工学院、山东服装职业学院、扬州职业大学、辽宁轻工职业学院、浙江科技大学等多所院校，为专业建设和人才培养发挥了重要作用，取得了显著的教学效果。该教材曾于 2015 年和 2021 年两次荣获"中国纺织服装教育学会部委级优秀教材奖"，并于 2017 年被《纺织导报》书评称赞为一部专业水准较高的教材，不仅深入剖析了视觉陈列的理论精髓，还高度重视项目实训内容，致力于提升学生的知识理解能力和实际操作技能，全面满足视觉陈列人才培养的需求。对于相关专业的学生以及教学工作者而言，该书非常值得阅读；此外，在当当网与京东网等电商平台上，该教材也收获了五六百条好评，被广大读者誉为条理清晰、深入浅出、内容实用的经典之作。

2025 年 2 月，为适应教育数智化改革，推动国家新质生产力发展，借助浙江省高职院校"十四五"首批重点教材建设的契机，我们出版了《品牌服装视觉陈列（第二版）》。相较于前一版，新版教材在保持原版特色、组织结构和内容体系的基础上，实现了数智化技术与资源的深度嵌入。这一举措不仅彰显了"知识、能力、素质"全面融合的教育质量观，更为国家新质生产力的发展注入了强劲动力。新版教材的主要修订内容包括：

第一，增加相关文献资料推荐，以拓展读者知识面，了解行业最新发展趋势。

第二，增加思考题，锻炼读者思维能力，激发好奇心和求知欲，提高自主学习能力和创新能力。

第三，增加虚拟仿真实训项目，旨在推动现代信息技术在教学领域的应用，培养具备跨界创新、解决复杂问题能力和具有新质生产力素养的高技能人才。

第四，配套精品在线课程，方便读者在智慧职教、超星学习通、智慧树等平台上学习“服装陈列设计”“橱窗设计”等课程。

第五，对原教材内容进行了适当删除、调整和补充，使教材结构更加严谨，内容更加精炼，并在服装陈列产业资讯、教学资料的时效性和合理性方面进行了更新和充实。

此次教材的改版工作自2023年初启动，历时近两年。其间，工作量之大、过程之繁琐，均远超预期。在这一新形态教材的顺利再版过程中，我们得到了众多同仁与专家的鼎力支持。具体来看，胡海鸥老师和郑宁老师分别提供了8个教学视频，柴瑛老师和靳高霞老师分别提供了4个教学视频，陈渊峰老师则提供了3个视频。在教材编写方面，于虹老师负责编写了项目二知识点一的部分内容；朱俊丽、郑宁老师提供了陈列调研案例资料；朱伟老师则负责了书中图片的绘制工作。此外，东华大学期刊中心副主任马文娟老师、责任编辑张力月老师，以及宁波雅戈尔服饰有限公司的曹志豹、宁波博洋集团的贾红妍，还有中国服装设计师协会陈列培训中心的各位权威专家，都为确保教材质量提供了有力的保障与支持。在此，我们特别向以上各位同仁与专家致以最诚挚的敬意！在教材的编写过程中，我们有选择地参考了部分著述成果，并引用了一些图文，在此谨向原作者表示衷心的感谢。

编　者

CONTENTS

目录

01 项目一
视觉陈列认知 | 001

知识点一：视觉营销和陈列的概念…………004
知识点二：陈列方案和手册制定……………010
知识点三：视觉陈列部门的职责和管理……021

02 项目二
视觉陈列构成 | 031

知识点一：陈列构成原则……………………034
知识点二：陈列色彩构成……………………035
知识点三：陈列形态构成……………………041
知识点四：陈列组合构成 …………………052

03 项目三
卖场空间布局与动线设计 | 061

知识点一：卖场空间布局工作内容…………063
知识点二：卖场空间构成……………………065
知识点三：卖场空间布局……………………072
知识点四：卖场通道动线规划………………078

04 项目四
卖场陈列氛围营造 | 087

知识点一：灯光照明…………………………090
知识点二：道具设计…………………………102
知识点三：POP 设计 ………………………105
知识点四：其他………………………………107

05 项目五
橱窗设计 | 113

知识点一：橱窗的分类……116
知识点二：橱窗设计基本原则……121
知识点三：橱窗设计主题提炼……123
知识点四：橱窗设计创意灵感和表达……125
知识点五：橱窗设计法则……128

06 项目六
卖场陈列调研 | 137

知识点一：卖场陈列调研原则……139
知识点二：卖场陈列调研作用……140
知识点三：卖场陈列调研内容……141
知识点四：卖场陈列调研报告的撰写……143

07 项目七
卖场专题陈列 | 159

知识点一：女装陈列……162
知识点二：男装陈列……168
知识点三：童装陈列……176
知识点四：运动休闲装陈列……182

08
参考文献 | 190

Christian Louboutin

1 项目一 视觉陈列认知

项目引言

百货业的激烈竞争与迅速发展催生了视觉陈列这一重要营销手段，它是“品牌战略”的重要组成部分。在欧洲和美国等地，视觉陈列已经有一百多年的历史，且逐渐形成了其独特的风格。

掌握视觉营销和陈列概念、陈列方案和手册制定及视觉陈列部门的职责和管理知识，能根据要求制定相关职业发展规划，为完成后续项目任务提供理论基础。

根据这些要求，本项目需完成的任务如下。

任务一：

分析服装卖场陈列风格与其品牌风格的契合性，并提出优化建议。

任务二：

分析自身在专业和综合素质等方面与陈列师岗位要求的差距，确立学习目标。

项目实施

任务一：

分析服装卖场陈列风格与其品牌风格的契合性，并提出优化建议。

1. 任务目标

区分服装陈列风格及其特征，形成陈列风格与服装品牌定位统一的意识。

2. 任务一学时安排（表 1–1）

表 1–1　任务一学时安排

技能内容与要求		参考学时	
		理论	实践
1	任务导入分析	1	—
2	服装品牌定位和陈列风格信息收集	—	2
3	契合性分析、建议	—	1
合计	—	1	3

3. 任务基本程序和考核要求

（1）分组安排：每组 3 ~ 4 人。

（2）任务分析：对已获得任务进行分解，并掌握任务要求。

（3）服装品牌定位和陈列风格信息收集：通过调研和资料搜集，能充分了解服装品牌理念、风格等相关品牌定位信息，掌握服装品牌当前陈列风格。要求调研内容详实，搜集的资料和信息真实有效。

（4）品牌风格与陈列风格契合性分析、建议：分析、建议客观，有说服力。

（5）任务总结：PPT 制作精美。

（6）任务汇报：汇报思路清晰、条理分明。

任务二：

分析自身在专业和综合素质等方面与陈列师岗位要求的差距，确立学习目标。

1. 任务目标

了解视觉陈列师岗位的工作任务与要求，确立学习目标。

2. 任务二学时安排（表 1–2）

表 1–2　任务二学时安排

技能内容与要求		参考学时	
		理论	实践
1	任务导入分析	1	—
2	分析自身的专业素质，确立学习目标	—	1
合计	—	1	1

3. 任务基本程序和考核要求

（1）任务分析：对已获得任务进行分解，掌握任务要求。

（2）陈列师素质要求分析：了解陈列师必备的专业素养和综合技能。

（3）自身专业素质分析：依据专业陈列师的素质要求，客观公正地分析自身的陈列专业素质水平，明确已掌握的知识技能及存在不足。

（4）差距分析与专业发展目标确定：结合自身的不足，制定专业学习目标。确保分析结果客观准确，学习目标的切实可行。

（5）任务汇报：汇报思路清晰、条理分明。

〉项目达标记录

〉项目总结

学习资料索引

知识点一：视觉营销和陈列的概念

一、视觉营销和陈列定义

视觉营销的英文是 Visual Merchandising，简称 VMD，其含义是将商品计划视觉化。在流通领域，它涉及研究如何把企划的商品转化为向顾客推介的提案，并制定商品展示的战略活动。该活动的重要目的是通过商品计划、采购、陈列、展示、店内装修、道具设计等环节的店铺环境布置，以及卖场的 POP（Point of Purchase）、标识、告示板等视觉元素表现，以直观的形式向顾客传达店铺信息，最大化商品的价值效应。同时，该活动通过展现品牌间的差异，从而提升销售业绩。其基础是商品计划，并且必须依据企业理念来决定。

视觉营销（VMD）包括四大部分：店铺空间设计与规划布局 SD（Store Design）、商品陈列形式 MP（Merchandise Presentation）、商品计划（Merchandise Planning）和商品策略 MD（Merchandising）。

视觉陈列（Display）是从美学视角出发，富有美感地展现商品的一种营销手段。优秀的视觉陈列对销量的提升往往具有决定性的影响。为达到易懂、易看、易选且美观的陈列效果，陈列师要对消费者心理进行预期设计，构思消费者便利购物及合理入场等陈列操作的技能技巧。视觉营销是把企业所设想的品牌形象具体化，以多样的营销活动和各种演示、展示为手段，把商品企划、进货、销售等所有业务整合起来运作的战略，而在商品交易中，陈列则是执行战略的其中一个战术。这个战术是向顾客介绍商品的卖点，作用有以下三点：

（1）传递商品信息（告知）：位置信息、商品信息、购买信息、价格信息、促销信息。

（2）美化视觉和提高卖场档次，促进购买。

（3）提高品牌的竞争力和品牌忠诚度。当顾客看到零售店陈列后，会产生反馈，最好的效果当然是最终在本店购买商品，并使品牌在零售市场中产生强大的影响力。

二、服装陈列风格分类

陈列源于欧洲。19 世纪 70 年代末期，美国百货店推出了剧场式情景装饰陈列风格。时至今日，服装陈列经过一百多年的发展，以多样的技术手法，形成了较为固定的装饰风格流派，其中，美式风格、欧式风格、日式风格最具代表性。

图 1-1　美式风格橱窗

图 1-2　瑞士风格橱窗

（一）美式风格

剧场式的装饰风格。

在模特运用上，美式风格擅长使用真人化的模特和生活化场景，如话剧舞台，将这些动态多样、表情丰富的模特置于精心构建的风景或生活场景中，以展现不同的生活方式，仿佛上演一场生活秀，极大地提升了观赏价值和视觉吸引力。

美式陈列通常展现出敞亮、宽大的空间感，强调豪华与气派，并营造特定的情节氛围，然而，在细节处理上，它可能不如其他风格那样精致和细腻（图 1–1）。

（二）欧式风格

包括瑞士风格、法意式风格、英式风格。

1. 瑞士风格

瑞士是世界上橱窗陈列最发达的国家之一，瑞士风格在欧洲陈列风格里是技术含量最高的，已经形成了一套完备的体系与技巧。其优势在于可以对任何商品进行陈列，注重制作工艺与细节，追求精湛的搭配技巧，尤其擅长运用装饰品搭配时装。其在空间处理方面多用装饰布装饰背景，注重服装制作工艺的表现，在成衣模特上展现布料的动态美，或在空间中构建布料的立体结构，通过特殊手法展现布料的纹理和质感，创造出静中见动、静态传神的独特陈列效果。

在瑞士，橱窗陈列已不仅仅是一种商业形式，而是已经渐渐形成一种文化。在迎接贵宾等重大事件之际，所有品牌的橱窗陈列主题都会进行相应的调整，有时政府甚至会发布特别通告。因此，整个街道自然而然地展现出统一的美感（图 1–2）。

2. 法意式风格

法意式风格凭借深厚的皇家服务背景，较注重创新与色彩的简洁性，因此，特别适合具有一定历史沉淀的高级服装品牌。高级服装依靠上乘的材质、精美的制作工艺以及引领潮流

图 1-3、图 1-4　法意式风格橱窗（1）

图 1-5、图 1-6　法意式风格橱窗（2）

图 1-7　BOGGI 的英式风格陈列

图 1-8　日本原宿伊势丹正装楼层，追求陈列最大化，弱化品牌间的界线，没有品牌独立的门面

图 1-9　低姿、工整、简洁、抽象、自然的日式元素在橱窗中的运用

的设计展示服装的美感，而法意式风格就是利用简洁的陈列手法，更加凸显这些高级服装本身上品、高雅、简洁的优势，并给人以轻松自然的视觉感受（图 1-3 ~ 图 1-6）。特别值得一提的是，由于意大利的佛罗伦萨、罗马、米兰等地都曾是古文明的发源地，拥有众多古代遗迹，因此，当地政府对街道的景观规划实施了严格的限制，这导致法意式风格店铺的门面和橱窗空间相对狭小。

3. 英式风格

英式风格既华贵又端庄，洋溢着古典气息，彰显了绅士的严谨与尊贵特质，同时也有大英帝国的气质。在陈列表现手法上，英式风格注重对空间的处理，将成衣和绅士装作为展示重点，通过运用多种面料的搭配，营造出正统、保守且充满绅士感的装饰效果，无不透露出英国悠久的文化底蕴。英式风格橱窗和整体卖场布置很有特色，往往选择具有怀旧感的胡桃木家具陈列服装，并借助精致的相框或画框体现品牌文化或讲述品牌故事，而且常常配以马球和高尔夫球的工具，作为时装的装饰。鉴于英国绅士常以手握伞的形象示人，英式风格的服装陈列也特别擅长以伞作为展示元素（图 1-7）。

（三）日式风格

日式风格吸收了美式风格中擅长营造戏剧化氛围的优势和瑞士风格中细腻的表现手法，并结合了日本现代与传统集结的低姿、工整、简洁、抽象、自然等设计特点，形成了一种较为全面的陈列技术，可以将众多产品作为陈列对象。

日式风格还有一个特点是可以通过设计，在窄小的陈列空间中，充分利用空间和安装现代化设备，做到技术和视觉效果的平衡。在寸土寸金的卖场货架中，日本服装店恰好利用了日式陈列风格的特点，将柜架布置得紧凑而有序（图 1–8、图 1–9）。

三、陈列与广告公式

1898 年，美国的路易斯提出了 AIDA 广告公式：注意（Attention）、趣味（Interest）、欲望（Desire）、购买行动（Action）。现在 AIDA 广告公式增加了记忆认同（Memory），发展为 AIDMA 公式。AIDMA 广告公式，也适用于陈列（表 1–3），陈列师只有结合 AIDMA 五项要素进行卖场陈列，才可以创作出具有营销力的陈列展示效果（图 1–10、图 1–11）。

表 1–3　AIDMA 卖场陈列展示要点

顾客购物过程要素	卖场陈列展示要点	视觉表现重点
引起注意（Attention）知觉阶段	强调卖场品牌形象的塑造，以及橱窗、模特、样品的展示	新鲜度、色、光的灵活应用
产生兴趣（Interest）探索阶段	卖场规划、通道设计、货品的有序陈列	顾客易进入、易观看、易选择
购买欲望（Desire）评估阶段	POP 的运用，价格标签清晰地放置在眼睛正上方、在售卖空间做有变化的陈列	有意识地表现、设定主题
记忆认同（Memory）决策阶段	利用背景音乐等，创造安全、舒适、愉快的购物环境	顾客对品牌 、产品的认同
购买行动（Action）行为阶段	店员的优质服务	站在顾客的立场上，服务于顾客

图 1–10　韦斯特·伍德橱窗以巨幅的精致蕾丝吸引了顾客，让顾客对橱窗里面精致又不失古怪的服装产生兴趣。它的橱窗和服装一样模糊了时间，模糊了优雅与粗俗，模糊了古典与现代，迎合了 20 世纪 80 年代西方时髦青年的品位

图 1–11　汤米·希尔费格卖场犹如顾客的衣帽间，让顾客感到温馨、舒适、轻松

四、视觉陈列师应该具备的素质

服装陈列师在欧洲已拥有百年历史，成为一个“古老”而神奇的职业，被誉为“卖场魔术师”。在欧洲，陈列师的教育和认证体系已相当成熟，不仅有相关的职业教育，甚至还有类似律师事务所的陈列师事务所。陈列师资格考试的规定极为严格，未经认证者不得从事陈列工作。这样的教育体系和认证机制确保了欧洲各国在陈列人才培养质量上的高标准。

与国外的陈列水平相比，国内有一些陈列师是从设计部、营销部、工程部等转行而来。这些转行者素质各异，往往缺乏科学系统的职业教育和足够的经验积累，使得这些国内陈列师的整体水平难以与国外同行相比。鉴于陈列艺术与商业性的紧密联系，陈列师个人素质直接决定着企业产品的陈列效果，那么，一个合格的陈列师应该具备哪些素质呢？

（一）专业能力

作为一名陈列师，首先需要掌握绘图软件的应用和手绘技巧，以便将陈列构思和理念通过这些工具表达出来，便于与受众沟通和理解。其次，陈列师应具备市场洞察和时尚捕捉能力，通过市场调研，分析卖场销售状况，包括目标卖场和竞争卖场的销售状况，从而总结市场经验，并通过把握陈列流行趋势，结合品牌的理念、营销规划以及卖场实际情况策划科学有效的陈列方案。再次，在方案制作过程中，陈列师还需具备展现主题创意、空间规划、色彩协调、照明配置、服装搭配、陈列素材把控以及陈列方案的分析、评估和管理能力等。最后，陈列师还要有陈列推广、执行能力以及团队管理能力，能够准确传达陈列创意，培训相关人员，确保陈列方案在终端得到有效执行。

陈列设计不仅是一门涉及思考与创造的学科，也是一个需要通过实践来提高技能的领域。从设计图纸的意念到实物的构建，陈列设计作品经历了一个从二维到三维的再创造过程。该学科的发展同样伴随着特定的思潮和前沿动态。因此，设计师需要不断拓宽视野，经常亲临现场，感受最新的专业作品和学术进展，这对于激发灵感、保持创作活力是至关重要的。

（二）营销知识

陈列是对品牌推广的一种视觉提案，属于卖场终端营销的一部分。因此，了解品牌终端营销策略对于陈列工作至关重要。作为一名陈列师，不仅要熟悉终端销售的运营细节，还需要从更高的角度进行思考。在进行陈列设计时，应考虑品牌的长、中、短期发展规划，并理解品牌的营销战略、商品战略规划以及企业销售策略。陈列形象还需要不断变化以适应品牌不同发展阶段的商品战略，而商品战略直接影响到陈列的表现。

例如，某时尚品牌在发展初期，其营销策略是扩张渠道、拓宽营销网络，因此，其商品战略则偏重于走量，采用款少量多的运营方式。此时，陈列设计师应通过量感贩卖的陈列方式来体现这一战略。而当品牌发展到成熟阶段，行销战略可能会转向稳定现有市场和延伸品牌线，商品战略上则可能出现风格差异较大的产品。在这个阶段，陈列设计师必须在保持品牌一贯风格的基础上，设计出符合量少款多的产品陈列方案。

合格的陈列师除了需要了解企业的品牌营销方案和销售策略外，还应当具备卖场的实战经验。这样，在陈列商品时，他们能够更全面地考虑店员的工作方式、目标顾客的消费心理和购物习惯，从而真正地为店内一线销售提供有效服务。

（三）艺术修养

设计的进步源于不断学习和实践，其中最关键的是意念，而优秀的意念需要学养和时间去孵化。通过拓宽视野，可以确保信息的广泛来源。因此，陈列师若想提升陈列设计的能力，必须具备广泛的知识和丰富的阅历，以及全面的文化素养，包括历史、地理、音乐、民俗、美学等领域的知识。全面的艺术修养构成了个人的核心竞争力，而文化与智慧的持续汲取则是设计师保持长久活力的关键。

如今，陈列已被视为一种时尚职业。不仅热门电影和时尚焦点人物的模特造型引人注目，主题陈列设计同样令人赞叹，成为值得称道的设计作品。这些成就不仅源于陈列设计师敏锐的时尚感知，还与他们的专业知识和文化底蕴紧密相关。陈列设计师的时尚视角、专业能力和深厚学识相结合，孕育了他们的创新精神，使他们能够形成关于设计和品牌独到的见解。在展现个人时尚态度、实现人生价值的同时，他们也塑造了品牌的陈列风格，丰富了品牌的个性。

（四）基本素质

陈列师既是设计师，也是协调者、管理者、执行者和培训者。他们需要为企业及品牌策划提供易操作、易复制、可促进品牌销售的合适的视觉提案，同时还要制定这些提案的执行与监控策略。显然，为了达到优秀的工作成效，陈列师需要在多个方面进行自我提升。

第一，陈列师需要具备良好的沟通能力。为了制定优秀的陈列方案，他们必须与设计师进行有效沟通，以理解其设计理念和创意；与商品部门沟通，掌握产品的上市计划和结构；与销售部门沟通，了解促销策略和产品上市的具体时间；与生产部门沟通，以便搜集所需的样衣。

第二，陈列师需要具备出色的陈列执行能力。陈列设计是设计师创意、个人风格追求、自我价值实现提升的过程。因此，将优秀的设计方案变成卖场的实体陈列，需要设计师团队对项目的过程进行有效控制、反馈和调整。优秀的陈列师应能以较低的成本和易于实施复制的方式，呈现更好的陈列视觉效果，并在方案实施中进一步了解空间的本质、材料的特性以及科技工艺的应用。

第三，陈列师需具备创新思维。为了吸引消费者的目光，陈列需要定期更新并具备吸引顾客的设计亮点。因此，作为一名陈列师，应在陈列方案中勇于探索和创新。

第四，陈列师需要具备良好的身体素质和毅力。在新店开业、商品换季期间，为了确保商场的正常营运，陈列师往往需要在晚间商场闭店后进场陈列，并要求在第二天卖场开店营业以前完成所有的陈列任务。频繁的夜间工作和经常性的出差，如果没有强健的体魄和坚韧的意志，将难以满足陈列工作的需求。

第五，陈列作为一种职业，设计师的专业水准与其职业道德水平、人格完善程度密切相关。通常而言，一个陈列师所能达到的设计高度，正是其人格成熟与完善程度的直接体现。因此，陈列师应注重个人修养，“先修其形，后练其品”。

知识点二：陈列方案和手册制定

一、陈列方案制定过程

陈列方案是指与服装产品设计方案及品牌营销战略计划同步的品牌总体陈列规划方案。

通常，一个陈列方案的制定需要经过分析、判断、规划、设计等一系列环节才可以完成。根据任务不同阶段的特点，可概括为制定预案和设计方案两个部分。

（一）制定预案

预案是在进行有关分析、研究的基础上，为设计提供一个初步的计划，预案由分析和计划两部分组成。

1. 分析

为保证计划的切实可行，使之具有明确的目的和针对性，需要对相关问题加以分析、论证，预案主要包括以下几个方面：

（1）商品分析：目的是把握商品的基本属性和主要特点，以明确商品的可展示性和展示重点。分析内容包括商品的类别、卖点、色彩、内涵表达、市场定位、种类、品质、价格的档次划分以及适用的展示手段等。同时，还需分析历史同期的各商品品类的销售比重，便于为商品不同季节的陈列做依据（图 1–12）。

（2）营销计划分析：对营销计划原则、目标和具体促销手段进行了解和掌握，以便在设计中予以体现，特别要注意不能使视觉营销计划同总体营销计划发生矛盾。总体营销计划包含营销计划的总体目标、商品的投放组合、各种商品的情况、上货波段、各月的细节计划、

图 1-12　了解系列主推产品及卖点

宣传品牌所需的力度和目标要求以及计划采用的促销手段等。

（3）卖场分析：卖场分析的目的在于掌握卖场信息，以便制定有效的陈列方案。首先，卖场可分为 A、B、C 三类，不同类别的卖场其陈列效果各异；其次，卖场的展示空间结构（图 1-13）及其大小会直接影响卖场的出样量，进而影响卖场的陈列效果；再次，卖场的地理位置也会影响卖场服装的出样。总之，卖场分析涉及卖场性质、空间结构及大小的评估，以及 SKU 数量的统计（SKU，即 Stock Keeping Unit，同款同色同码的商品为一个 SKU，任何款式、颜色或尺码的不同都会构成不同的 SKU。SKU 的计算是对店铺内不同商品款式的数量进行统计）。

（4）竞争对手分析：对竞争品牌所采取的视觉营销策略加以分析，以便制定有针对性的应对措施，凸显自身优势，争取市场中的有利位置。该分析包括对手所选择的展示和陈列方法及其组合策略、使用的展示工具与技术、展现商品特色的关键技术、设计给消费者的整体感受，以及竞争对手方案的优点与缺陷。

2. 计划

在完成基本分析和解决所有的问题之后，便可以着手制定设计方案预案。该预案应包含

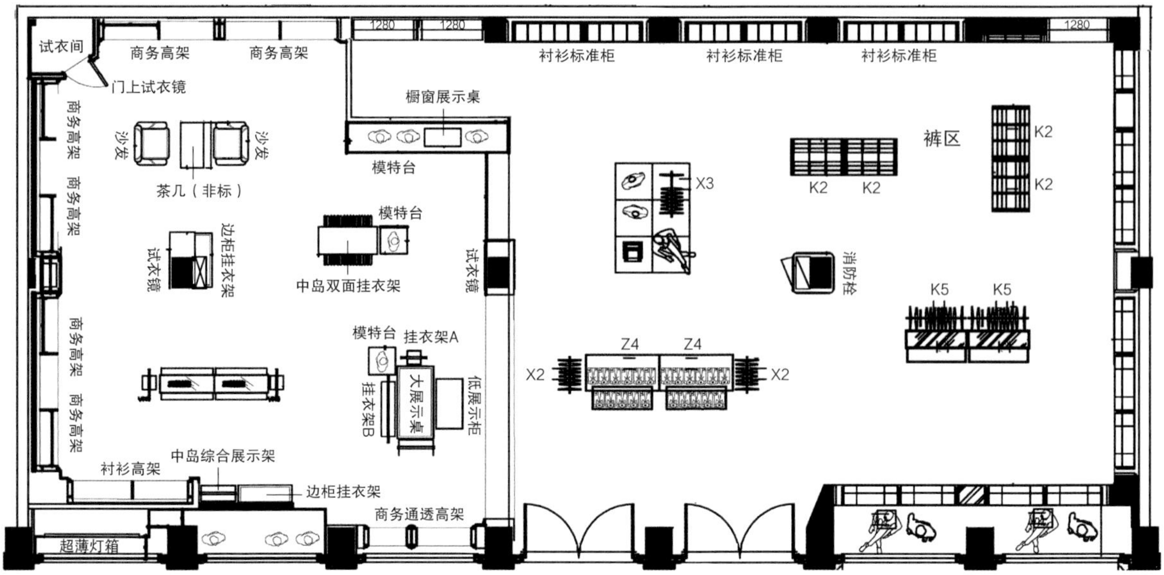

图 1–13　了解分析展示空间结构

以下主要计划内容：设计的主题与整体形象风格、塑造的品牌形象、凸显的商品特色、选用的陈列方法及其组合形式、所需的陈列道具、营造的场景氛围、选择的艺术表现手段（包括色调、装饰和结构设计等），以及使用的灯光、音乐等。

（二）设计方案

一般情况下，陈列设计方案应包括两个主要部分，即设计效果图和实施规划。

1. 设计效果图

设计效果图不仅具体展现了陈列设计的构思，也直观呈现了整体设计效果，是把握和评价设计最终效果的重要依据。未来的具体实施将严格依照效果图进行。因此，设计效果图的设计与绘制是整个设计流程中的关键环节。要完成效果图的设计，应遵循以下步骤：首先，基于前期的分析和计划，绘制设计草图；其次，评估设计方案，并进行必要的调整和修改；最后，完成效果图（图 1–14 ～图 1–16）。

2. 实施规划

在实施规划中，要对实际操作所涉及的各项内容作出具体的规定，以此作为以后实施时的指导。应该明确规定的基本内容包括：规划场地（图 1–17）；制定灯光设置方案，确定电源；确定展示工具、道具和装饰用品的制作和购买计划（图 1–18、图 1–19）；落实施工所需要的材料；确定实施方案的总体时间安排和进度表；评估所需的费用等。

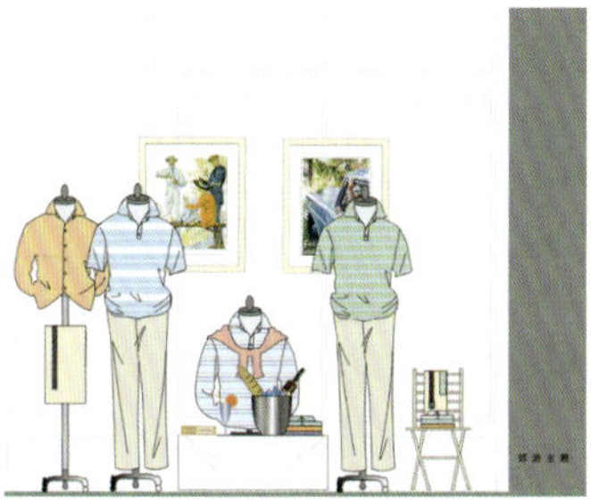

图 1-14　某品牌陈列效果图（1）

图 1-15　某品牌陈列效果图（2）

图 1-16　某品牌陈列效果图（3）

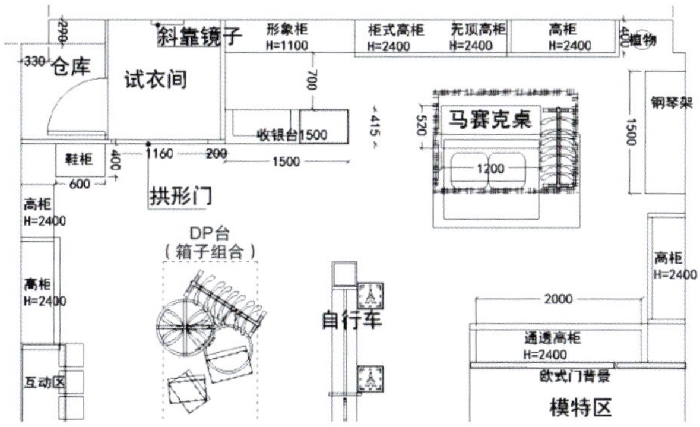

图 1-17　店铺展示空间规划（单位：mm）

图 1-18　某品牌开发的道具（1）

图 1-19　某品牌开发的道具（2）

其中，设计、定制、采买道具过程：设计→采样→寻找生产厂家→报价→预算→打样→下单→跟单→进仓→发货。

二、陈列手册的分类

陈列手册是服装公司用于视觉标准化管理的重要工具，与公司其他相关的管理机制同属于一套系统。该手册通过纸质或电子文档的形式，表达并推广企业对于终端卖场视觉效果的期望，以便陈列相关人员能够依据手册进行标准化的陈列操作。其目的在于传递陈列业务信息，指导卖场员工按照既定要求执行陈列任务，并具备效果复制、远程管理和培训推广的功能。陈列手册又分为陈列标准基础手册和时段陈列指引手册。

（一）陈列标准基础手册

陈列标准基础手册是由公司统一制定，为卖场陈列工作提供标准化、规范化的指导，与之相结合的是企业绩效管理系统及其对应的考核检查工具。手册主要内容包含公司的陈列概念、器架使用说明和陈列规范，以及陈列维护等方面。该手册在相当长一段时间内不做修改，因为是建立品牌形象系统的基础。具体内容如下：

1. 陈列概念

这是对公司陈列理念的阐述，包括公司品牌理念的说明（涵盖企业历史、创始人、发展历程、企业愿景、核心价值观和品牌定位）、陈列相关部门和人员的介绍，以及陈列目的强调。每个品牌都有其明确的消费群体定位，因此，陈列手册的首要任务是让每位员工清晰了解自己品牌的设计风格和定位，从而确保陈列人员能够通过陈列准确传达品牌形象。将公司的陈列理念与品牌理念相结合，旨在使受众认识到陈列在品牌战略中的重要性，并凸显陈列的价值。

2. 器架使用说明和陈列规范

这是陈列标准基础手册的核心内容，确保各卖场可以根据硬件家具和道具情况，执行标准化的陈列。它针对卖场的每一件硬件陈列器架进行了详细的名称统一定义、使用规范说明以及陈列演示。通过定义出统一的名称，员工可以基于标准化术语进行有效沟通与交流，规范陈列货柜的组合方式，明确每一种货架（桌子、伞形架、一字形架、环形货架、背板）和细节（衣钩方向、衣架使用、价签摆放、海报展示、标志使用、柜台陈列、灯光照明）的陈列原则及具体方法，从而标准化陈列流程（图 1–20）。

3. 陈列维护

这部分内容包含陈列的检查与更换准则、特例的处理规范。维护的对象是卖场整洁度、产品挂装、叠装、鞋类、灯光以及道具等。在陈列检查方面，可以将检查对象表格化，并明确维护等级，以便利用表格工具随时对卖场进行维护和评估（表 1–4、表 1–5）。

使用这种表格的好处在于：

（1）了解卖场陈列后的效果，有助于总结陈列工作的优点与不足。

（2）了解卖场的实际情况，有助于下一次陈列工作计划的制定与实施。

（3）将表格寄回总公司陈列部，以便留档备查，同时起到监督与指导作用。

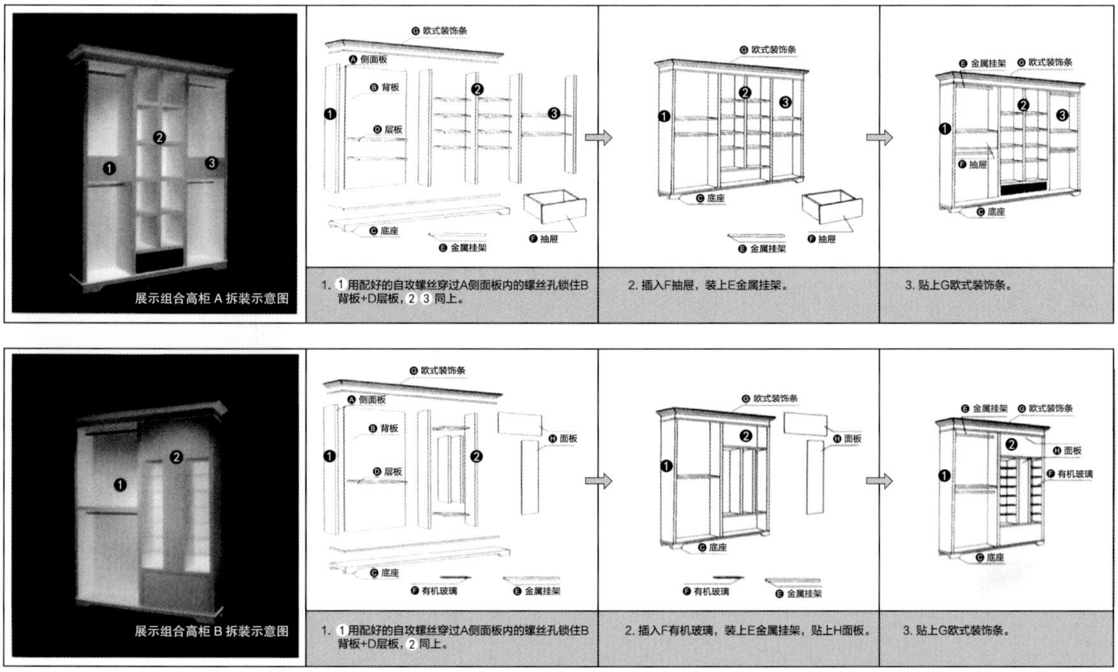

图 1-20　器架使用说明

表 1-4　陈列维护

卖场名	记录人	日期	店长签字	市场部经理确认
项目内容	需要调整的状况	调整时间确认	评分（1～10）	新问题发现及问题反馈
橱窗				
门面				
音乐				
模特				
室内 POP 及贴画				
高架陈列				
流水台陈列				
货架布局				
卫生清洁				
店员形象				
其他				
巡店总结				

备注：① 此表适用于陈列组出差协调陈列巡铺时填写；
　　　② 出差回来需附于出差报销单后。

表 1–5　卖场陈列展示维护表

地区：	店名：			维护人：		日期：	
日期 / 维护项目	星期一	星期二	星期三	星期四	星期五	星期六	星期日
	优良 / 中 / 差	优良 / 中 / 差	优良 / 中 / 差	优良 / 中 / 差	优良 / 中 / 差	优良 / 中 / 差	优良 / 中 / 差
货品 POP 的呼应配置							
过季、残缺 POP 更换							
货架空档合理							
陈列货品没有拆包装							
挂装间距保持均匀							
挂装的拉链、纽扣就位							
叠装陈列平整、整齐							
标价牌安放整齐							
收银台保持整洁							
试衣镜未粘贴海报							
服装陈列方法多样							

4. 其他

对陈列手册不完善或没有提及部分做补充。可以说明陈列管理的最新政策和消息、公司对陈列执行和管理方面的新思路、新方法，也可以对陈列基础手册上已调整或删除的内容进行说明。

（二）时段陈列指引手册

为引领时尚潮流、应对市场竞争，并满足市场多样化需求，企业每年都会推出众多新产品。陈列部门需要根据流行趋势的演变和产品的不同，将服装产品主题、色彩、搭配、时段陈列方案整合成时段陈列指引手册。

时段陈列指引手册旨在为卖场的应季或主题商品市场活动提供视觉推广的指导，协助陈列相关人员依照手册进行简洁高效的陈列操作，以实现公司统一的视觉形象部署。该手册主要内容包括市场主题、流行资讯、产品结构、卖场定位、位置规划、陈列方式、产品搭配等。通常情况下，时段陈列指引手册会针对应季新品和市场活动主推商品的陈列位置和陈列方式进行详细阐述。具体内容如下：

1. 市场主题

主要包含季节、活动、广告等市场促销主题。这部分内容说明市场活动主题、灵感来源及主题活动的时间范围等（图 1–21）。

图 1-21　服装主题介绍

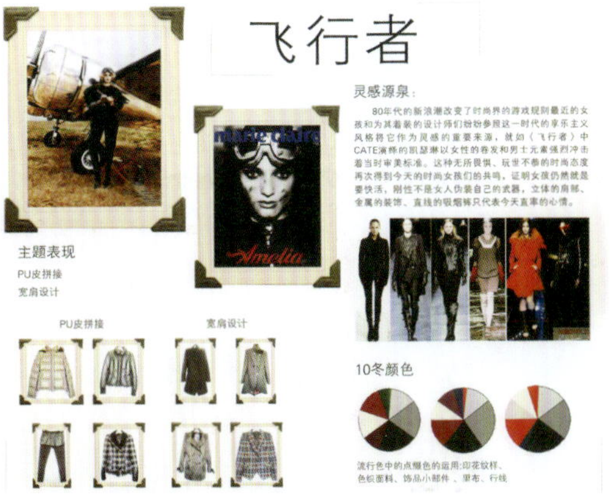

图 1-22　女装主题、产品结构介绍

图 1-23　男装产品结构介绍

2. 产品结构

主要包含应季产品和其他产品的系列划分情况、重点产品的卖点介绍以及具体订货数量。这些信息有助于陈列相关人员提前进行陈列规划（图 1–22、图 1–23）。

3. 卖场定位

很多品牌会根据所属商圈的不同，或者货品的齐全程度、时尚程度等因素的不同，对卖场进行等级划分。不同级别卖场的货品和陈列器架可能有很大的出入，因此在陈列指引中应该明确不同级别的卖场将采用什么方式陈列。

4. 位置规划和陈列方式

这两个部分是陈列指引的主要内容。其包含主题产品陈列区域布局，具体主题下货品组合方式和视觉演绎手法，以及在卖场橱窗、入口、板墙的陈列方式，同时还包含所需陈列道具的陈列方式（图 1–24 ~ 图 1–26）。

5. 产品搭配案例

详细解析产品卖点并提供搭配建议，以增进消费者对产品的了解，推动连带销售，进而

图 1–24　男装板墙陈列

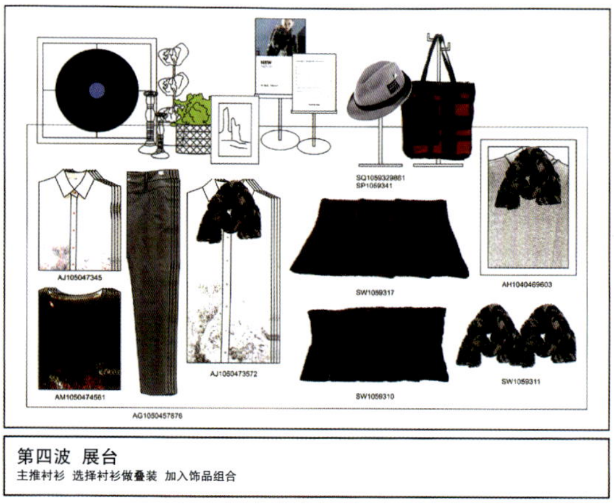

图 1–25　女装展台陈列

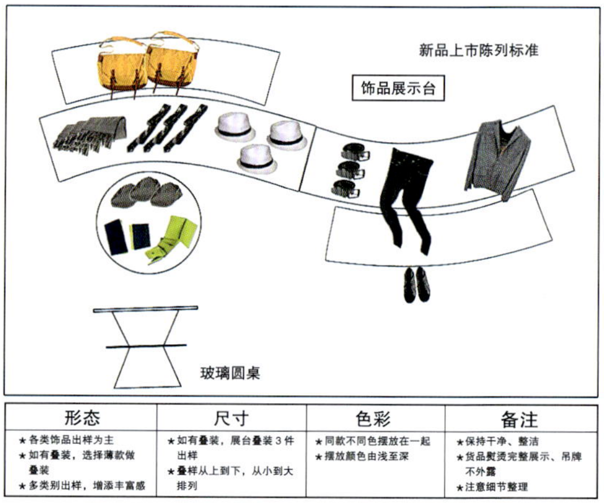

形态	尺寸	色彩	备注
★各类饰品出样为主 ★如有叠装，选择薄款做叠装 ★多类别出样，增添丰富感	★如有叠装，展台叠装 3 件出样 ★叠样从上到下，从小到大排列	★同款不同色摆放在一起 ★摆放颜色由浅至深	★保持干净、整洁 ★货品熨烫完整展示、吊牌不外露 ★注意细节整理

图 1–26　品牌新品上市陈列标准

提升客单价。该手册服务于一线销售人员和目标客户（图 1–27）。

6. 其他

这个部分主要包含陈列道具到店安装时间、陈列相关支出报价（表 1–6）、陈列注意事项的详细说明，以及陈列信息反馈的具体要求和卖场陈列效果反馈图片存档等。

无论是陈列基础手册还是时段陈列指引手册，内容都应简洁易懂，如同“傻瓜相机”的使用手册。不管是高手还是初次接触的人员，借助手册都能轻松实现卖场陈列的一比一还原。同时，陈列标准基础手册与时段陈列指引手册均需图文并茂。图片旨在展示陈列操作的具体步骤和预期效果，而文字则用于详细说明。图片可以选用实物拍摄、电脑制作或手

图 1-27　产品搭配

表 1-6　陈列相关支出报价表

材料	尺寸（mm）	单价（元）	数量	金额（元）
相纸挂轴	2.5×2.4	35	1006	35210
相纸底台	1.05×2.85	35	3	105
车身贴	50×61	50	0.304	15.2
PVC 管	10.5	15	10.5	157.5
黄线	—	8	5	40
光银纸	0.2×10.5	35	1.8	63
总计				

绘效果图等多种形式，关键在于清晰传达信息。

三、陈列手册的作用

陈列手册为陈列相关人员提供了一个规范且统一的陈列指南，确保多家卖场能够同步展现统一的品牌形象，进而提升品牌的整体形象和市场认知度。品牌形象和市场认知度的提升有助于培养终端顾客和加盟商的品牌忠诚度，并增加品牌产品的附加值。这将进一步促进单店销售业绩和加盟商订货量的增长。因此，陈列手册是准确传达品牌形象的重要工具，助力企业步入健康品牌运营的轨道。

另外，陈列手册还有以下特点：

（1）服装销售具有高度的时效性特征，陈列手册使信息及时准确地在企业中传递，对商品营销起到至关重要的作用。

（2）运用陈列手册同步指导店员对卖场的形象更新，减少了陈列人员的工作量，可加强对直营店和加盟店的管理，同时也为企业节省了人员开支，降低了经营成本。

四、手册的制作过程

（一）准备工作

（1）向设计部收集该季产品资料，内容包括产品主题、款式、面料、色彩、卖点。

（2）向陈列设计师收集陈列方案，内容包括陈列主题、理念及具体陈列方案。

（3）填写手册制作计划书，内容包括手册版面设计和结构安排、服装件数、拍摄和制作费用预算。

（4）手册制作计划书上报部门经理初审。

（5）公司总经理终审。

（二）拍摄

（1）准备服装及陈列道具。

（2）选择陈列和拍摄场地。

（3）服装陈列拍摄。

（三）制作

（1）照片初选。

（2）初期排版。

（3）公司内部审核。

（4）后期修订。

（四）印刷

（1）印刷成册。

（2）发放到终端店铺。

陈列手册完成后，陈列培训师就可以召集各卖场陈列人员，根据陈列手册进行陈列培训（讲解陈列主题及方案）。培训结束以后，陈列手册随当季销售货品发送到卖场，指导店员进行陈列。

知识点三：视觉陈列部门的职责和管理

一、国内视觉陈列现状

在欧美发达国家，陈列是服装产业中不可或缺的组成部分。从事陈列设计的工作人员，必须经过严格的考试，获取从业资格证书后，方可上岗。随着全球性的“品牌消费”和“体验经济”浪潮席卷全球，陈列在整个营销价值体系中的作用显得愈发重要。

如今，国内的服装陈列伴随着中国经济的发展已经走过初级阶段，陈列设计师对品牌和销售的促进作用已获得普遍共识，陈列设计师在国内受到越来越多的关注，陈列文化在国内有广阔的发展空间。在中国经济高质量发展阶段，服装陈列设计现状呈现多元化发展、创新与挑战并存的特点。

1. 多元化发展

中国陈列设计领域正在经历快速的变化和发展。一方面，虚拟现实、增强现实等新兴技术的应用为橱窗陈列提供了更多创新空间，使得设计更加丰富多彩。另一方面，中国陈列设计注重融入中国传统文化元素，展现出浓厚的中国文化氛围，同时注重自然环境的灵感，运用自然材料，体现出对自然的敬畏和热爱。

2. 创新与挑战并存

随着电子商务的兴起，传统的实体店铺面临着巨大的挑战，消费者更倾向于在线购物，这对传统的陈列设计提出了新的要求。同时，消费者对品牌和产品的认知度和需求水平不断提高，要求陈列设计不仅要具有美观性，更要有品牌特色和文化内涵。此外，随着消费者生活水平的提高，对产品质量和服务的要求也在不断增加。这些变化要求陈列设计师不断创新，提升品牌形象，以吸引更多消费者的关注和购买欲望。

总体来说，中国陈列设计领域正在经历从传统到现代的转变，面临着新的机遇和挑战。设计师需要不断调整和改进，以适应市场需求，保持竞争力，实现可持续发展。

二、 视觉陈列部门的职责

一个具体且成熟的视觉陈列部门通常由陈列设计师、陈列培训师、平面设计师和空间设计师组成。这四类人员各司其职，分别负责陈列的各项工作任务，并将各自的工作成果整合起来，从而形成一个系统且完整的陈列工作体系，具体工作职能见表 1–7。

表 1–7　陈列部门的工作职能一览表

陈列设计师	1. 品牌装修风格的确立； 2. 分季橱窗规划设计； 3. 各季度陈列方案的确立； 4. 新开卖场的空间规划与布局； 5. 店内陈列细节（流水台、高柜）方案设计； 6. 卖场陈列色彩规划； 7. 陈列基础手册规划、制作； 8. 时段陈列画册规划、制作； 9. 卖场相关陈列数据搜集建档 10. 品牌陈列标准确立、卖场陈列远程监控管理； 11. 陈列道具的开发、设计管理； 12. 陈列推广； 13. 卖场实地陈列作业； 14. 日常巡店陈列维护和跟进
陈列培训师	1. 全系统陈列培训（加盟商、陈列员）； 2. 分片区陈列培训； 3. 单卖场陈列培训
平面设计师	1. POP 制作； 2. 陈列基础手册的平面制作； 3. 时段陈列指引手册的平面制作； 4. 产品画册的平面制作； 5. 卖场相关数据建档； 6. 招商画册设计
空间设计师	1. 卖场空间设计； 2. 工程监督； 3. 货架开发设计； 4. 道具开发设计； 5. 卖场相关数据搜集建档

根据表 1–7，我们可以看出陈列设计师、陈列培训师、平面设计师和空间设计师的工作是相互补充、相辅相成的。空间设计师主要负责卖场的空间规划，以及卖场相关数据的搜集和归档；陈列设计师在空间规划的基础上，负责以提升销售业绩和推广品牌文化为核心的任务，进行卖场和橱窗的陈列设计，以及卖场实地的陈列和维护跟进工作；平面设计师则根据陈列设计师提供的陈列设计方案，负责制作陈列基础手册、时段陈列指引手册和产品画册等平面材料；最后，陈列培训师将使用陈列基础手册、时段陈列指引手册和产品画册，对经销商、加盟商、店员等卖场陈列相关人员开展陈列培训和推广工作，负责组织管理陈列团队，确保每一件商品的陈列达到标准化和权威性。然而，在小型公司中，上述工作通常由陈列设计师一人负责完成。

三、陈列管理与职能

（一）陈列管理的概念

陈列管理，也叫作视觉营销管理，属于企业市场管理职能的一部分。它与一般意义上的管理不同，更偏向于设计领域的管理。在传统的管理学中，管理对象可以通过SMART原则（即具体、可衡量、可达成、相关性、时限性，这是管理者在目标管理和绩效考核中应遵循的原则，每个字母代表一个要素，五个要素缺一不可）来定义目标和评估绩效。然而，现代的陈列管理的对象具有设计化特征，这使得SMART原则在定义管理目标时显得不够适用。因此，陈列管理是一种将传统管理学与现代视觉管理相结合的新型管理理念。简而言之，陈列管理是以管理学常用工具为基础，与相关人员共同或指导他们按照规范流程在销售终端执行陈列实施的一种有效管理过程。这一过程旨在构建一个目标明确、理念一致、标准统一的陈列团队，以促进企业促销活动的效果。通过这样的管理实践，不仅能够提升陈列的专业性和视觉效果，还能够确保企业市场策略的有效执行。

（二）陈列管理的作用

随着品牌市场的持续扩张和卖场数量的不断增加，陈列师的工作负担日益加重。即便如此，也很难确保众多卖场的终端陈列能够形成统一的风格。因此，统一和强化品牌形象成为品牌的迫切需求，陈列管理由此应运而生。陈列管理不仅涉及如何进行有效的陈列管理，还扩展到市场营销和服装设计等多个领域。其最终目标是把设计师的创意、情感和梦想，通过创造一系列生动感人的场景，传递给顾客，将陈列策划方案转化为商业行为。这要求以非常准确、及时、有效的方式，将方案落实到所有卖场，从而为品牌创造利润。这是陈列工作的关键所在，也是当前中国服装企业亟待解决的问题。

掌握陈列管理技能对于从业者来说，具有以下明确且有效的积极作用：提升陈列工作的效果、降低陈列运营的成本、增强陈列团队的凝聚力、优化陈列业务流程、确保陈列工作的质量、培养和发展陈列员工的能力、促进自身的专业成长和职业晋升。

（三）视觉陈列的管理职能

陈列师根据所服务的企业类型（图1–28～图1–30），主要分为三类：百货商店陈列师、品牌企业陈列师和小型零售店陈列师。小型零售店通常没有独立的陈列团队或专职陈列师。为了促进销售，店主会在员工中发掘具有创作潜力的人才，鼓励他们设计并装饰橱窗，以及布置店内陈列。或者，店主会寻求自主创业的视觉陈列师的协助。这些自由职业者往往拥有在知名视觉陈列团队的工作经验，因此，他

图1–28 国际精品百货店 HARVEY NICHOLS 店外空间综合陈列设计

图 1-29　香奈儿店铺陈列

图 1-30　小型零售店，橱窗温馨迷人

们与制作陈列道具和标识的人员也保持着联系。自由职业者可能专注于橱窗设计，或者店内视觉陈列，甚至两者兼顾。利润较高的买手制精品零售店通常也会雇佣专职的视觉陈列师。在本书中，我们将主要介绍国内常见的百货商店和品牌企业连锁店中的视觉陈列职能体系及其工作范畴。

1. 百货商店陈列的管理职能

在国外，百货商店已经拥有超过一百年的历史，至今已发展得相当成熟。视觉陈列作为百货商店运营的一个重要环节，扮演着至关重要的角色。典型的百货商店视觉陈列结构见表 1–8。

表 1–8　百货商店陈列的管理主要职能一览表

级别	任务	级别	任务
陈列高级主管、总监	1. 确定并监督商店的创意形象，同采购主管保持联系，确定需要推销的商品； 2. 与运营主管密切合作，保证商店布局设计无误； 3. 与市场管理沟通，确保陈列团队支持所有店内商品的推销； 4. 管理雇员薪金名册和视觉预算； 5. 购买相关道具和模特； 6. 招募合格员工； 7. 管理商店图示与标识	高级视觉陈列师	1. 指导团队初级成员； 2. 担任陈列主管和楼层主管之间的联系纽带； 3. 熟悉流行趋势和关键形象； 4. 维护零售标准； 5. 同平面设计团队交流； 6. 培训营业厅员工； 7. 与品牌密切合作，确保产品形象表达的连贯性
陈列主管	1. 管理团队； 2. 联系采购员和销售； 3. 同陈列高级主管沟通设计实施店内与橱窗陈列； 4. 同平面设计团队互动； 5. 联系楼层主管； 6. 熟悉竞争对手； 7. 联系品牌	初级装饰师视觉陈列师	1. 维护零售标准； 2. 熟悉流行趋势； 3. 同卖场员工密切合作，确保视觉指导方针落实； 4. 了解熟悉品牌； 5. 以销售最大化为主旨并创造性地实现营销

按照惯例，加入百货商店陈列团队首先要从初级装饰师或视觉陈列师开始做起。如果其努力又上进，一般可以在两年之内提升到高级职位。商店管理层乐于发掘有潜力的员工，并将他们视为未来的管理人才进行培养。在晋升至管理岗位之前，管理层会鼓励这些员工提升自身的管理和沟通技能，开始负责管理预算项目，并开发完整的橱窗陈列方案。地区性的百货商店可能拥有自己的视觉营销团队，但这个团队需要遵循旗舰店的指导。职位的晋升与降级情况与旗舰店相似，地区管理者负责控制预算并招募新员工。

2. 品牌企业视觉陈列结构和职能

（1）职能机构体系

在国内，一些较为规范的服装品牌企业已经建立了完善的陈列管理职能体系。品牌连锁店的视觉陈列结构类似于百货公司的视觉陈列结构，但并非每家门店都设有专职的店内视觉陈列师。相反，通常由一名视觉陈列师或一个团队在某一区域的连锁店之间进行流动管理。这些连锁店的视觉陈列师服务于地区陈列主管，而地区陈列主管则服从于更高一级的陈列经理。所有视觉陈列工作都由公司总部的视觉陈列总监统一协调。品牌企业中视觉陈列师的晋升路径与百货公司中的视觉陈列师大致相似（图 1–31）。

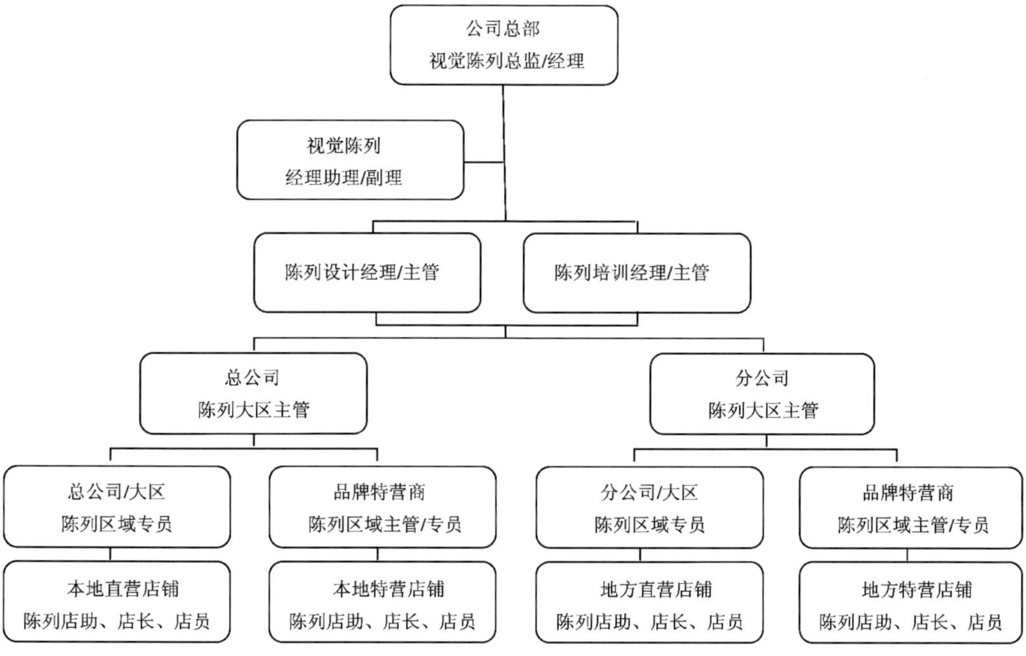

图 1–31　职能机构体系

（2）连锁店视觉陈列管理的主要职能（表 1–9）

表 1–9　陈列管理的主要职能工作范畴一览表

级别	任务	级别	任务
视觉陈列总监 / 经理	制定陈列管理制度和标准体系，明确全局工作，进行目标规划，监督并审核陈列主管岗位职责履行情况，确保团队整体工作执行效果；组织进行培训课程研发和管理技术研发工作，并实现推广；维护和改进公司内部部门协作关系、品牌客户合作关系，保证有效沟通与协作；发展下属各项业务技能和人才培养	陈列设计经理 / 主管	制定陈列设计的管理制度和标准体系；制定所辖区域的陈列设计计划、指导并监督陈列设计师完成陈列计划、陈列方案和方案的实施、道具设计和制作、陈列基础手册和时段指引手册设计和制作、陈列预算；维护和改进公司内部部门协作关系，保证有效沟通与协作；发展下属各项业务技能和人才培养；完成上级部门指派的任务
陈列培训经理 / 主管	制定陈列培训的管理制度和标准体系；制定所辖区域的陈列培训计划、指导并监督培训师完成所辖区域的培训任务；维护和改进公司内部部门协作关系，保证有效沟通与协作；发展下属各项业务技能和人才培养；完成上级部门指派的任务	总公司陈列大区主管 / 分公司陈列大区主管	负责所辖卖场达到公司陈列标准，制定所辖卖场陈列计划，指导并监督陈列专员执行陈列、培训和现场教练的卖场任务，负责所辖卖场相关问题的及时解决和改进，培养下属的各项技能和人才的发展与培养，完成上级部门指派的任务
陈列专员	根据《卖场陈列标准项目》检查表，负责卖场的陈列标准执行和维护工作，对店员进行陈列标准的培训和监督，每周共进行四次卖场陈列自检，每日进行店员陈列维护工作的跟进和监督	店长	根据《卖场陈列标准项目》检查表，负责卖场达到标准要求；对卖场陈列专员和店员进行陈列工作的培训、监督和管理；每周五进行一次卖场陈列自检
店员	根据《卖场陈列标准项目》检查表，负责自己所辖货区日常的陈列维护工作，配合店长开展卖场陈列调整工作	—	—

视觉陈列团队中还包括一个重要的支持团队，其成员包括木工、油漆工和搬运工。木工的工作不仅限于在车间制作道具，还需协助安装和拆除橱窗及店内道具。经过专业训练、素质全面的木工明白，如果道具摆放位置是顾客能够近距离观察的，那么道具的制作标准就需要更高；反之，如果道具不直接面对顾客，其制作质量可以相对简化。在视觉陈列团队中，木工还需发挥创造力，按照要求制作各式各样的道具。油漆工除了负责粉刷橱窗外，还需与木工协作，为道具和橱窗方案起到画龙点睛的作用。搬运工则负责确保贵重家具和精致道具在搬运到橱窗和卖场的过程中不受损坏。

课后练习

一、填空题

1. 欧式风格包括 __________、__________、__________。

2. 日式风格吸收了 __________________________ 和 __________________________ 的优势。

3. AIDMA 广告公式：__________、__________、__________、__________、__________。

4. 视觉陈列师应该具备的素质包含 __________、__________、__________、________。

5. 陈列方案是指与 ________________ 及 ________________ 同步的品牌总体陈列规划方案。

二、选择题

1. 美式陈列风格特点是：（　　）。

A 注重豪华、气派，带有一定的情节感氛围，但不够讲究精致、细腻

B 追求精湛的搭配技巧，尤其擅长用装饰品搭配时装，同时注重制作工艺与细节，形成静中见动、静态传神的独到的陈列效果

C 没有太复杂的陈列技法，利用简洁的陈列手法，更加凸显了这些高级服装本身上品、高雅、简洁的优势，给人以轻松自然的感受

D 既华贵又端庄，洋溢着古典气息，凸显绅士的严谨与尊贵，整体卖场和橱窗往往选择具有怀旧感的胡桃木家具陈列服装，并借助精致的相框或画框体现品牌文化或讲述品牌故事

2. 陈列手册包括（　　）。

A 时装广告画册

B 陈列标准基础手册

C 时段陈列指引手册

D 服饰搭配手册

3. 陈列标准基础手册的核心内容是：（　　）。

A 陈列概念

B 陈列维护

C 器架使用说明和陈列规范

D 其他

4. 视觉陈列部门由（　　　）组成。

A 陈列设计师

B 陈列培训师

C 平面设计师

D 空间设计师

5. 陈列管理的作用有：（　　　）。

A 提升陈列工作的效果

B 降低陈列运营的成本

C 增强陈列团队的凝聚力

D 培养和发展陈列员工的能力

三、思考题

欧美陈列经过一百多年的发展，形成了较为固定的风格流派，中国陈列经过近几年的迅猛发展，也展现了独特的韵味。请你从陈列元素、陈列工艺等方面谈谈中式陈列风格特点。

Recommend

推荐资源

《塞尔福里奇先生》（Mr Selfridge）

电视剧《塞尔福里奇先生》（*Mr Selfridge*）讲述的是英国老牌百货公司塞尔福里奇（Selfridges）的创始人哈里・戈登・塞尔福里奇（Harry Gordon Selfridge）的故事，他于1909年创立了塞尔福里奇，开启了英国时装零售业的一个传奇。虽然剧情中花了诸多篇幅描绘哈里・戈登・塞尔福里奇的情感经历等人生起伏，但是对于时装行业人士，可以把看点放在塞尔福里奇的历史与20世纪初英国时装零售业的状态上，对于想了解更多时装历史和时装行业信息的人来说，《塞尔福里奇先生》将是一部不错的“教材”。剧中真实还原了20世纪初塞尔福里奇的店内陈设，如精美的店铺设计、琳琅满目的服装与配饰。

Recommend
推荐书目

《创意性服装陈列设计》

凌雯编著的《创意性服装陈列设计》，2018年12月由中国纺织出版社出版。《创意性服装陈列设计》系统地介绍了服装陈列的技术原理和方法，包括服装陈列的相关概念、有关原理及具体操作细节。通过对大量欧美国家及我国当代优秀服装陈列案例的介绍与剖析，学生可更为直观地理解并易于掌握服装陈列的各个要领。该书易学易懂，具有较强的指导性和实用性，从而提高服装陈列设计和制作的审美及表现能力。该书紧跟我国服装销售终端陈列设计的发展，是作者在中外服装陈列理论教学和研究方面的结晶。

《陈列管理Q&A：陈列管理实务72问》

周同、王露露、张尧编著的《陈列管理Q&A：陈列管理实务72问》由辽宁科学技术出版社于2010年6月出版。该书可以帮助从事视觉陈列管理工作的陈列从业者们，如品牌视觉艺术总监、陈列经理、陈列区长（主管/督导）、陈列培训师和陈列专员（多店管理）等，解决陈列设计工作和店铺陈列执行事务的管理问题。无论其服务的是高级时装品牌公司，还是大众快销型连锁企业，甚至是以品牌特许经营为主的超级时装零售集团，都可以按照该书所建议的思路、流程、模型、工具表格和案例分析来具体指导自己的陈列管理工作。为了帮助以职业陈列经理人为代表的陈列管理岗位工作者有效实施管理技能，该书在设立内容结构性目录之外，还以Q&A（问答）的形式，将具有普遍规律性的陈列管理实务问题进行一一列举，并分析解答。这样做的目的是希望能够帮助读者在陈列管理技能方面实现启发、提升和创新。

2 项目二 视觉陈列构成

项目引言

色彩、形态是构成卖场视觉陈列的基础元素。卖场色彩、形态视觉陈列因服装品牌定位和风格不同其表现手法也不尽相同，从而形成了千差万别的卖场陈列效果。

本项目知识目标包括了解服装视觉陈列构成原则，掌握陈列色彩构成、陈列形态构成技巧和规范以及实践陈列组合构成形式。能力目标为能够熟练完成商品的色彩组合搭配，以及执行挂装、叠装、摆放等基本陈列操作；能够根据规范要求和现有物料，完成指定区域的陈列设计。素质目标是培养独立学习和主动探究的习惯，以及遵循规范操作精神。基于以上的项目目标，本项目需要完成的任务如下。

任务三：

服装卖场色彩陈列分析。

任务四：

根据命题要求，使用虚拟仿真软件完成区域店铺的陈列设计。

项目实施

任务三：

服装卖场色彩陈列分析。

1. 任务目标

感知卖场色彩配置的重要性，领悟色彩规划的基本原则，掌握色彩组合技巧。

2. 任务三学时安排（表 2–1）

表 2–1　任务三学时安排

技能内容与要求		参考学时	
		理论	实践
1	任务导入分析	2	—
2	服装卖场色彩陈列调研	—	1
3	服装卖场色彩陈列分析、建议	—	1
合计	—	2	2

3. 基本任务程序和考核要求

（1）分组安排：每组 3 ~ 4 人。

（2）任务分析：对已获得的校企合作项目或教师自拟任务进行分解，掌握任务要求。

（3）服装卖场色彩陈列调研：收集卖场色彩陈列相关信息和图片资料，绘制卖场色彩配置图。

（4）服装卖场色彩陈列分析：根据卖场色彩配置图，从色彩配置原则、色彩组合技巧等方面说明卖场色彩应用，并提出建议。

（5）任务评价、总结。

任务四：

根据命题要求，使用虚拟仿真软件完成区域店铺的陈列设计。

1. 任务目标

掌握色彩、形态和组合陈列构成的相关知识点，并能融会贯通，针对具体工作任务进行综合与灵活应用。

2. 任务四学时安排（表 2–2）

表 2–2　任务四学时安排

技能内容与要求		参考学时	
		理论	实践
1	任务导入分析	4	—
3	货柜陈列	—	8
4	中岛陈列	—	8
5	模特陈列	—	8
合计	—	4	24

3. 基本任务程序和考核要求

（1）分组安排：每组 3～4 人。

（2）任务分析：对已获得的校企合作项目或教师自拟任务进行分解，通过调研和资料搜集，充分了解其品牌历史、理念、风格以及产品卖点等相关信息，从而掌握任务要求。

（3）区域陈列信息采集与整合：了解品牌店铺色彩陈列组合特点、陈列的原则及规范。

（4）店铺区域陈列方案设计：根据命题要求设计方案，要求设计风格与品牌风格一致，布局合理，形态美观，色彩协调，整体感强，符合卖场的商业运作规律。

（5）方案综合评价和调整。

项目达标记录

项目总结

学习资料索引

扫码学习
陈列构成与基本原则

知识点一：陈列构成原则

陈列方式的好坏决定顾客对卖场的第一印象。因此，确保卖场呈现整齐、美观的效果是服装陈列的主要目标。尽管不同品牌对于陈列构成的原则和标准各有不同，但它们普遍遵循以下原则。

一、保持整洁

保持商品一尘不染、服装熨烫得毫无皱褶，是提升商品价值的有效方法。此外，还需注意增强不同形态商品之间的协调性，以及卖场整体风格的统一性。让顾客在购物时感到愉悦，是陈列工作的基本原则之一。

二、容易观看

为迎合顾客的心理需求和购物习惯，同一品种或同一系列的商品应集中陈列在同一区域。商品陈列的高度应适中，便于顾客轻松查看。利用正挂陈列、模特出样等方式提升商品能见度，使顾客能够了解商品的特点和结构，轻松识别出自己喜爱的商品，并便于与其他商品进行比较。若缺乏这种易于查看的陈列方式，便难以激发顾客的购买欲望。由于顾客期望在短时间内找到心仪的商品，因此，商品的陈列应简洁明了，便于顾客一目了然。

三、容易触摸

如果顾客没有亲手拿起商品进行确认，没有亲自体验其质感，那么销售并不容易达成。根据“购买＝接触”的原则，触感体验是基本的要求。商品如果陈列得过多，可能会给顾客带来选购的困扰；如果陈列得过少，则可能让顾客产生库存不足或商品滞销的印象，导致顾客减少触摸商品，造成无购买欲望的情况。

四、容易购买

商品陈列应依据其特点进行分类展示，并灵活地选择展示的部位、空间、位置及搭配方案等，确保顾客能够一目了然。服装作为选购商品，顾客在购买时希望能够有丰富的选择，以便对商品的质量、款式、尺码、色彩、价格等进行比较。陈列员在陈列商品时，应确保商品的齐全和整齐有序，同时使顾客能够快速找到其所需的商品。

五、符合营销规律

应针对陈列的商品进行有序排列，以展现秩序感和层次性。最畅销的商品应放置在显眼的位置，其次是次畅销的商品，以此类推，确保即使是摆放在最里面的商品，也能吸引顾客浏览至卖场深处。为了提升销售额，可以考虑将高品质、高价位、高收益的商品与畅销商品进行搭配陈列，以此促进商品的连带销售。

六、强调品牌个性

在陈列过程中，应充分凸显品牌特色，利用照明、背景、道具等造型手段和工具，创造出独特的艺术语言、完美的艺术造型和和谐的色彩对比。这样做可以准确而有效地展现和强调陈列的主题。个性化的服装陈列对于塑造品牌形象、提升品牌知名度和美誉度，以及维持稳定的消费群体等方面，都具有至关重要的作用。

知识点二：陈列色彩构成

一、陈列色彩意义

服装陈列的色彩设计以色彩为核心，结合陈列技巧对服装商品、卖场空间、道具和灯光进行色彩搭配与组合，旨在为卖场打造一个既契合服装品牌风格又顺应流行趋势的色彩形象。服装陈列的色彩设计是视觉营销的重要体现。

首先，服装陈列色彩设计具有显著的功能性，它不仅增强了卖场的秩序，便于顾客的选购和店员对于货品的管理，还便于通过迅速的色彩调整设计来推广换季或新品的上市。

其次，服装陈列的色彩设计能够实现卖场的醒目化、丰富化和艺术美的视觉效果，将静止的服装转化为顾客关注的焦点。特别是对于色彩敏感的品牌，陈列师通过精心选择和搭配色彩，可以凸显服装的个性，提升服装的档次，从而吸引消费者的目光，激发其购买欲望。

最后，清晰而有计划的色彩陈列设计能够凸显品牌形象，加强品牌认知，并传达独特的品牌文化，而传播品牌文化的最终目的就是促进销售。

二、陈列色彩规划动因

（一）色彩多样性

即使是同一服装品牌，其一个或多个主题下的产品系列也会展示出多样的色彩。因此，卖场中陈列的商品色彩呈现出多样化和多系列的特点（图 2-1 ～图 2-4）。

扫码学习
服装色彩
概念

图 2-1 ~ 图 2-4　某品牌春夏色彩企划

（二）色彩季节变化性

每个季节都会有其独特的服装色彩搭配方案，相应地，服装店铺在陈列商品时也应顺应季节更迭，调整色彩布局，以营造应季的氛围（图 2-5）。

（三）色彩流行性

每年都有专业的流行趋势预测机构发布下一年的流行色彩，服装公司的产品研发部会根据本公司产品的风格选择相应的流行色进行新一季的产品设计。因此，陈列色彩配置也应结合流行色来合理规划设计。

（四）色彩关联性

不同的服装品牌拥有特定的色彩倾向和品位。专属的色彩运用体现着品牌的个性风格。在陈列设计中，陈列师要根据品牌的风格品位配置陈列色彩，从而增强卖场整体形象上的品牌识别度，达到宣传品牌文化、品牌风格特色的目的。

组合科学、搭配得当的陈列色彩配置还可以舒缓卖场中因服装款式、面料、风格不同及多个系列而造成的疏离感，营造鲜明的主题，使强烈的视觉冲击力得到延伸。

三、陈列色彩规划方法

（一）色彩规划基本原则

服装陈列色彩规划，即依据相关理论与规律，结合卖场商品自身的色彩特征，对商品、展示环境、道具及灯光色彩进行科学的配置，以优化商品的展示效果，吸引消费者的目光。

色彩规划对于服装陈列设计至关重要，是服装陈列展示色彩设计首先要考虑的问题。色彩规划的基本原则包括以下五点：

图 2-5　某品牌色彩上货波段

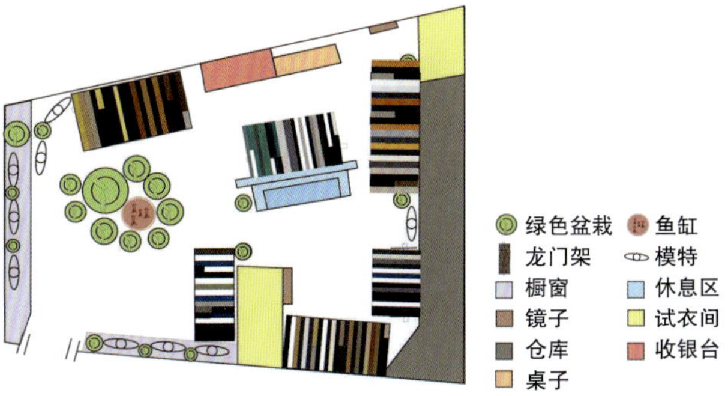

图 2-6　根据商品色彩进行分区规划和配置的服装卖场

（1）依据企业的视觉识别系统和企业的形象，设计相应的卖场色彩方案。

（2）针对品牌产品风格特点，为展示环境做色彩主题设计。

（3）依据商品的色彩特点，进行分主题、分系列、分区域以及不同陈列形式的空间配置。

（4）结合商品品类色彩特征和陈列手法，对陈列色彩进行组合搭配设计。

（5）合理配置环境色彩以衬托商品，营造艺术美感，实现视觉营销效果（图 2-6）。

（二）色彩规划步骤

在考虑如何配色时，需要明确自己想要的配色效果，一般顺序如下：

（1）决定主体色。

（2）选择搭配色。

（3）考虑背景色。

（4）调整明度、彩度。

（5）完成配色。

扫码学习
服装卖场陈列色彩设计

具体陈列配色步骤如下（图 2-7）：

（1）确定一块板墙的主题颜色。

（2）找相同色系的叠装。

（3）找相同色系的鞋子、帽子等配饰（如果没有，则找无彩色来搭配）。

（4）在容量区陈列适当的颜色（如果没有，则找无彩色来搭配）。

接下来，在卖场展区中完成商品的色彩陈列设计，获得各板面各陈列展区视觉形象优化的产品展示效果。

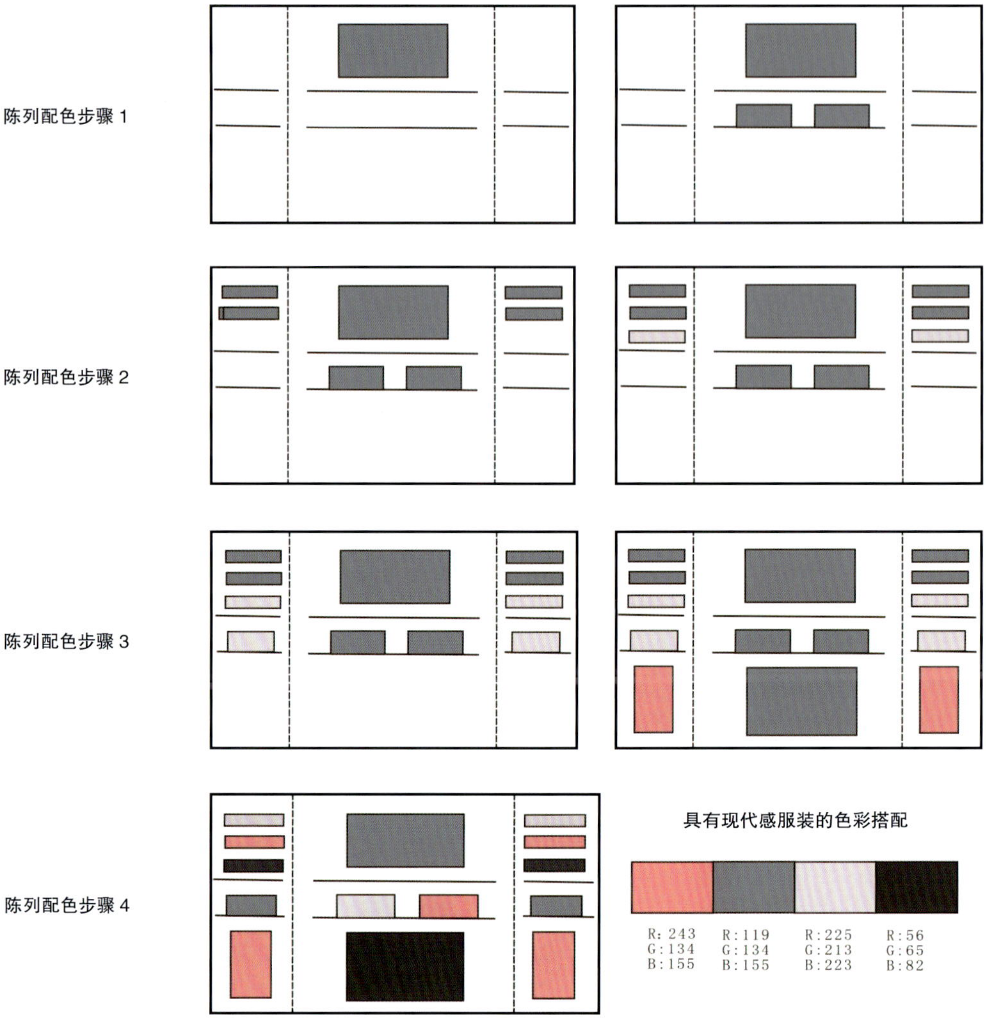

图 2-7　陈列配色步骤

四、陈列色彩组合技巧

（一）常见的色彩组合

1. 同类色搭配

深浅、明暗不同的两种同一类颜色相配，显得亲和、文雅（图 2-8）。如：青色 + 天蓝色；墨绿色 + 浅绿色；咖啡色 + 米色。

扫码学习
色彩组合形式及搭配

2. 近似色搭配

两个比较接近的颜色相配，显得柔和（图2-9）。如：红色+橙红色；红色+紫红色；黄色+草绿色；黄色+橙黄色。

图 2-8　同类色搭配

图 2-9　近似色搭配

3. 强烈色搭配

指两个相隔较远的颜色相配，这种配色比较强烈。如：黄色 + 紫色，红色 + 青绿色。

4. 对比色搭配

指两个相对的颜色搭配，补色相配能形成鲜明的对比，有时会得到较好的效果。如：红色 + 绿色；橙色 + 蓝色；黄色 + 紫色。

在进行陈列色彩搭配时，每个展区的色调应不超过两种，并且每个展区的色彩应与邻近展区相协调。这样的搭配能够为整个卖场营造和谐的氛围，使色彩主题有序，从而让整个卖场的主题更加鲜明，形成有序且具有强烈视觉冲击的效果。

（1）单色色块同印花色块交替陈列，便于顾客区分产品。

（2）将暗色调与亮色调相结合，以突出重点产品。

（3）运用对比色和渐变色的技巧，创造强烈的视觉冲击。

（4）设定主色调，选择暖色调或冷色调，避免对所有颜色平均发力，以产生美感。

（5）暖色系与黑色搭配，冷色系与白色搭配，以达到调和效果。

（6）黑色、白色、灰色、金色、银色属于无彩色，能够与任何颜色搭配。

（二）色彩组合秩序

1. 彩虹式搭配

依照彩虹的颜色组合陈列，适用于颜色较多的货品，如领带、T 恤等。

2. 琴键式搭配

一深一浅间隔陈列，也可利用服装的长短穿插组合陈列（图 2-10）。

图 2-10　琴键式搭配

图 2-11　渐变式搭配（1）

图 2-12　渐变式搭配（2）

图 2-13　暖色搭配

3. 渐变式搭配

同一色系不同深浅的产品，组合陈列，创造富有层次感的陈列效果（图 2-11、图 2-12）。

（三）色彩知觉情感的应用

1. 色彩的冷暖

冷色调的搭配能够营造出较冷、凉爽或深远的感觉，适合春夏季节的商品陈列；而暖色调的搭配则给人以温暖、喜庆和热烈的感觉，更适合秋冬季节的商品陈列（图 2-13）。

2. 色彩的轻重

明亮的色彩让人联想到蓝天、白云等自然景象，带来轻柔、飘逸、上升、敏捷和灵活等感觉；而低明度的色彩则使人想到钢铁、石头等物品，产生沉重、稳定、安详和神秘等感觉。为了使陈列画面呈现出有序且生动的效果，对陈列物品的色彩轻重进行科学的选择是必不可少的环节（图2-14）。

3. 色彩的注目性

色彩具有易见度，即在对比强烈的情况下，色彩的易见度较高；而在对比较弱的情况下，色彩的易见度则较低。因此，为了在陈列中增强陈列主体的注目性，可以通过与背景形成明度对比、纯度对比和色相对比的方式，创造出醒目的效果，从而吸引消费者的注意力

图 2-14　色彩轻重对比搭配

图 2-15　色彩注目性陈列

图 2-16　色彩膨胀收缩及前进后退感运用

（图 2–15）。

4. 色彩的膨胀收缩及前进后退感

暖色系中，高明度和高彩度的颜色以及白色在视觉上会产生扩张效应，而冷色系中低明度和低彩度的颜色则会在视觉上产生后退的感觉。因此，为了改变陈列空间在受众心理上的印象，或是为了达到陈列的层次感效果，可以利用色彩的膨胀与收缩以及前进与后退的视觉错觉原理（图 2–16）。

五、陈列色彩视觉平衡要点

（1）通过产品构成的色块与形态在数量上的合理组合，体现色彩平衡。

（2）冷色调、大色块组合更适合放置于货架的底部。

（3）色调的排布自下而上应由冷渐热，色块由大渐小。

（4）同一展示面内，通常以大货量的服装陈列方式，形成较大的深色或暗色块作为基部，给人以稳固的感觉。

（5）平衡色彩陈列通常采用对称平衡、非对称平衡两种方式。

知识点三：陈列形态构成

形态是指事物的表现状态或者形状，而服装陈列的形态构成就是服装在卖场中通过特定的方式呈现的造型状态。卖场的服装陈列方式主要有挂装、叠装、摆放及模特展示。通常，陈列的形态构成一般由两种及以上的不同方式组合而成。

图 2-17　毛衫叠装陈列

图 2-18　毛衣柜中叠装陈列

图 2-19　衬衫常规折叠陈列

一、叠装陈列

叠装是指把商品折叠后的陈列。叠放时需把设计的重点部分展示出来，这种方式特别适合用于文化衫、正装衬衫、牛仔裤、毛衫等比较常规的款式品种（图 2–17、图 2–18）。通过叠装陈列，不仅可以增加卖场商品的存储量，还可以丰富卖场的陈列效果。

扫码学习
T 恤毛衫常规折叠造型

扫码学习
T 恤毛衫变化折叠造型

扫码学习
裤子叠装常规造型

扫码学习
裤子叠装变化造型

（一）叠装的陈列规范

（1）同季同类同系列产品陈列应在同一区域（图 2–19）。

（2）陈列的商品应拆去包装，同款同色薄装 4 件 / 厚装 3 件一叠摆放（机织类衬衣领口可上下交错摆放）。

（3）若缺货或断色，可找不同款式但同系列且颜色相近的服装垫底。

（4）每叠服装折叠尺寸要相同，可利用折衣板辅助，折衣板参考尺寸为 27 cm × 33 cm。

（5）上衣折叠后长宽建议比例为 1 ∶ 1.3。

（6）折叠陈列同款同色的服装，从上到下的尺码从小至大。

（7）上装胸前有标志的，应显露出来；有图案的，要将图案展示出来，从上至下应整齐相连。

（8）下装经折叠后应该展示尾袋、腰部、胯部等部位的工艺细节。

（9）折叠后的商品挂牌应藏于衣内。

（10）每叠服装间距为 10 ～ 13 cm（至少一个拳头的距离）。

（11）上下层板之间陈列商品，需要保留 1/3 空间。

（12）叠装有效陈列高度为 60 ~ 180 cm，60 cm 以下叠放以储藏为主。尤其应避免在卖场的死角及暗角展示陈列深色调的服装，可以定期变换服装的展示位置，以防造成商品滞销。

（13）在叠装服饰的邻近位置，应设置相应的挂装展示和海报搭配，或者使用半身或全身模特来展示服饰的组合搭配效果。

（14）避免滞销货品的单一叠装展示，应考虑在就近位置配搭商品挂装展示。

（15）过季产品应设置独立展示区域，同时明确配置代表性海报。不得将过季和减价货品与全价应季品叠装混杂陈列。

（二）叠装组合色彩规律

（1）从暖色到冷色的排列，一般是冷色在下，暖色在上（图 2–20）。

（2）从浅色到深色的排列，一般是深色在下，浅色在上（图 2–21、图 2–22）。

（3）叠装的色块渐变序列应依据顾客流向，自外场向场内由浅至深。

（4）展示色块间隔：渐变和对比效果包含彩虹、琴键、近似效果（图 2–23 ~ 图 2–26）。

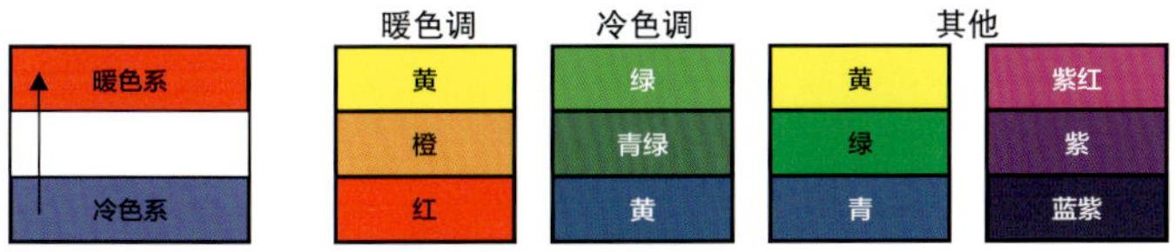

图 2–20　冷色在下，暖色在上的色彩排列

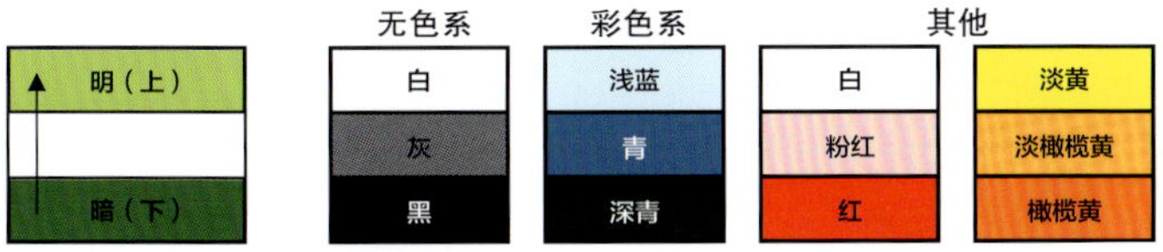

图 2–21　浅色在上，深色在下的色彩排列

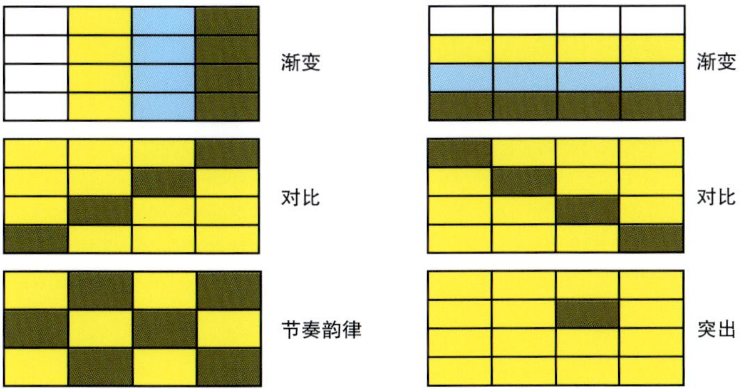

图 2–23　色块间隔，渐变和对比的色彩排列

图 2–22　叠装色彩陈列应用

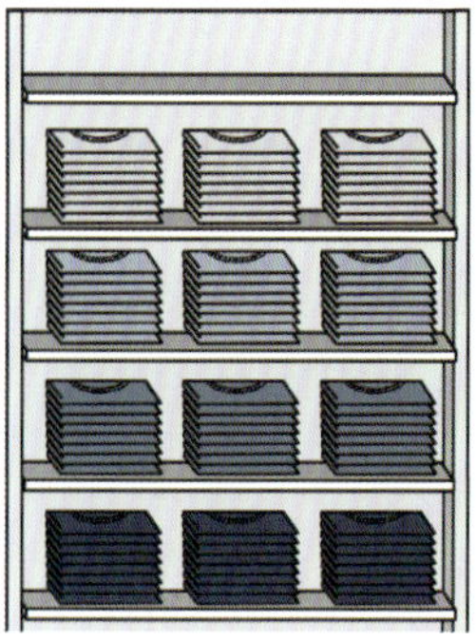

图 2-24　渐变

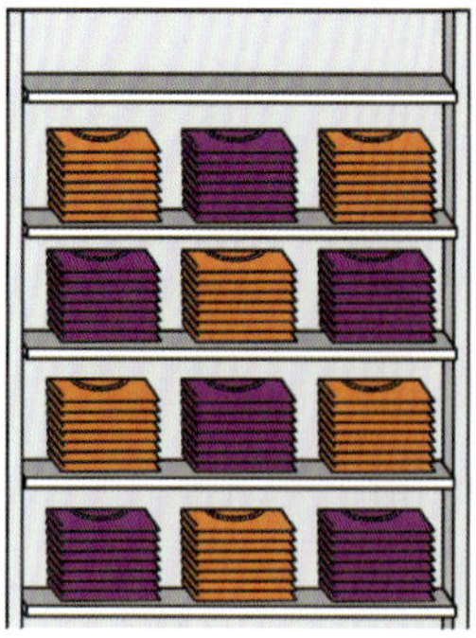

图 2-25　间隔

图 2-26　叠装间隔陈列应用

图 2-27　折衣板、衬衣板、大头针、衬垫纸在叠装中的使用

（三）叠装辅助道具

叠装辅助道具有折衣板、衬衣板、大头针、衬垫纸等（图 2–27）。

二、挂装陈列

挂装是最常见的陈列方式，它能够有效避免服装因积压而产生的皱褶，保持衣物的平整度，适合于各种类型的服装。挂装陈列可分为正挂、侧挂、单挂和组合挂等多种形式。

扫码学习
正挂陈列造型

（一）正挂陈列

正挂是将衣服的正面朝前，使得服装的正面效果得以完整展示，适合展示服装的款式、装饰特点。正挂视觉效果突出，但是占用展示面空间较大。正挂的陈列规范有：

（1）为避免滞销货品单一挂装展示，可适当搭配陪衬品以营造趣味性和增强卖点联想，同时展现搭配格调。

（2）过季产品设独立区域，并配置清晰的标识。

（3）套头式罗纹领针织服装在穿挂衣架时，应从下口进，以防止领口拉伸变形。

（4）通常第一件商品应进行搭配陈列，以突出商品的风格，吸引顾客购买。如果同一挂杆展示多款商品，应该先挂短款，后挂长款（图 2–28）。

（5）在上下装组合搭配陈列时，上下装套接位置要到位；若有两排平行的正挂展示，通常将上衣挂在上方，下装挂在下方。

（6）衣架挂钩应遵循问号原则（即从顾客主动线视角看，衣架挂钩的缺口应朝内、朝左）。

（7）商品的挂牌应藏于衣内。

（8）服装的排列从前到后，以 3 件或 6 件为一组进行出样，尺寸依次从小到大。

图 2-28　正挂陈列

图 2-29　侧挂陈列

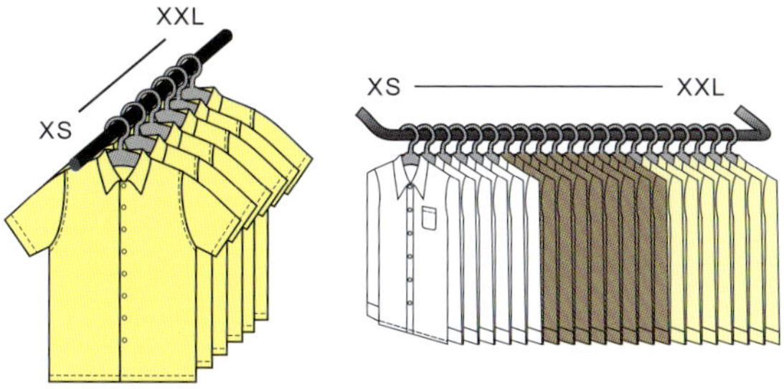

图 2-30　同款产品同时连续侧挂多件的陈列规范

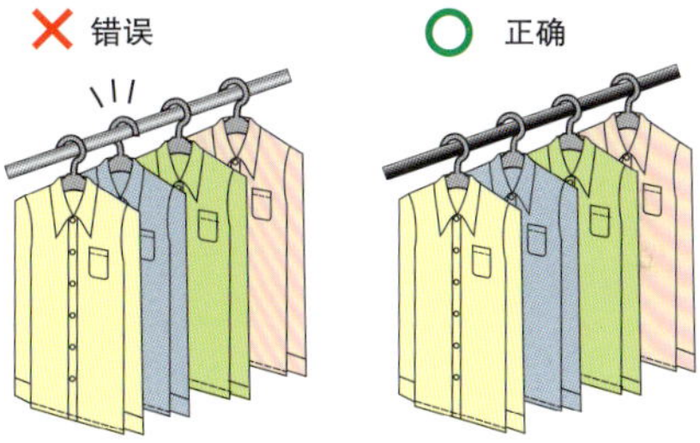

图 2-31　侧挂挂钩朝向规范

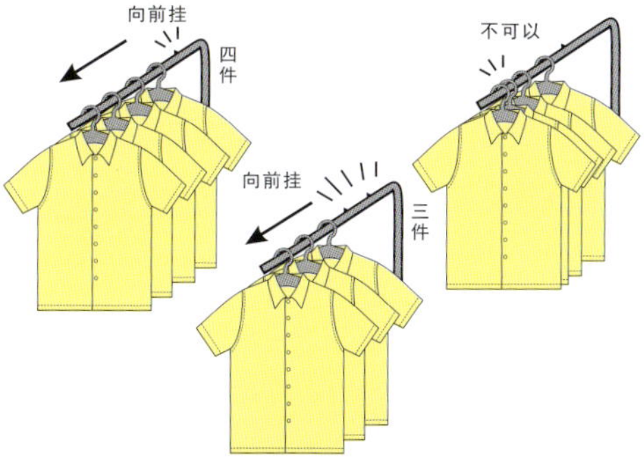

图 2-32　侧挂挂通间隔的陈列规范

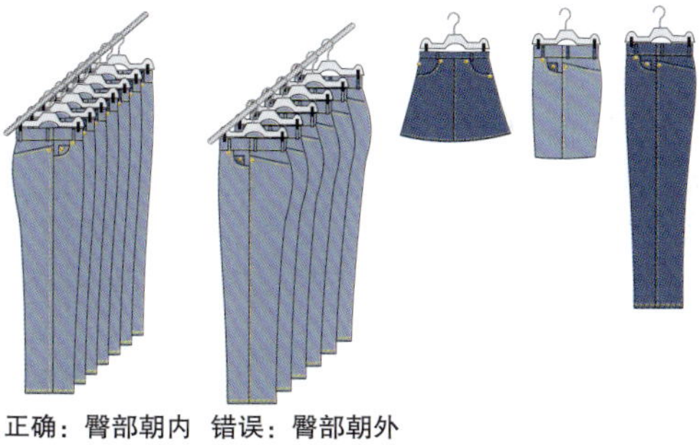

图 2-33　裤装侧挂规范

（二）侧挂陈列

侧挂就是将服装侧向挂在货架横杆上的陈列方式，是零售环境中较为常见的展示方法。侧挂的优点是占用空间小，出样率大。但是侧挂不能直接展示服装的整体款式和细节，因此适合与其他展示形式结合使用（图 2-29）。侧挂的陈列规范有：

扫码学习
侧挂及变化挂放造型

（1）同款同色产品同时连续挂 2～4 件（挂装尺码从左至右，尺寸从小至大；自外向内，尺寸由小至大）（图 2-30）。

（2）挂件应保持整洁，无折痕。

（3）纽扣、拉链、腰带等尽量到位。

（4）掌握问号原则，挂钩一律朝左（图 2–31）。

（5）挂通侧挂不能太空，也不能太挤，建议每件挂钩间距 3 cm，衣架之间要保持距离均衡（图 2–32）。

（6）裤装采用 M 式侧夹或开放式夹法，侧夹时裤子的正面一定要向前（图 2–33）。

（7）套装搭配衬衣展示时，裤装一般侧面夹挂。

（8）挂装展示，商品距地面应不少于 15 cm。

（9）侧列挂装区域的就近位置，应摆放模特展示或正挂陈列侧挂服装中有代表性的款式或其搭配组合，以增强展示效果。此外，该区域还可以适当配置宣传海报，以提升顾客的购买兴趣和商品的整体吸引力。

（10）商品的吊牌等物藏于衣内。

（三）挂装陈列形态规律

具体如图 2–34 ~ 图 2–37 所示。

图 2–34　侧挂 4+4 模式排列的应用

图 2–35　侧挂 2+3 模式排列的应用

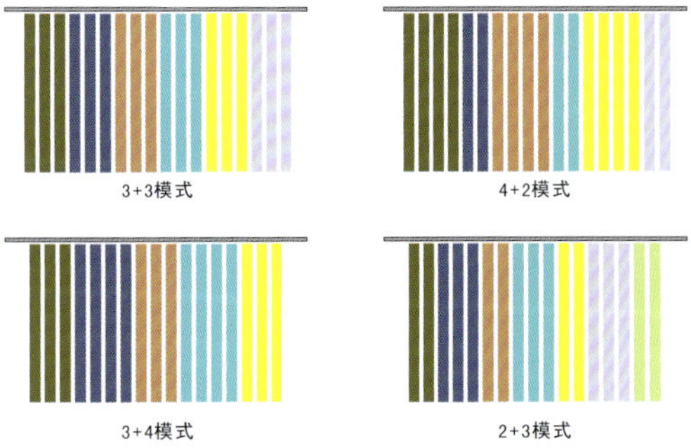

图 2–36　侧挂的排列规律（1）

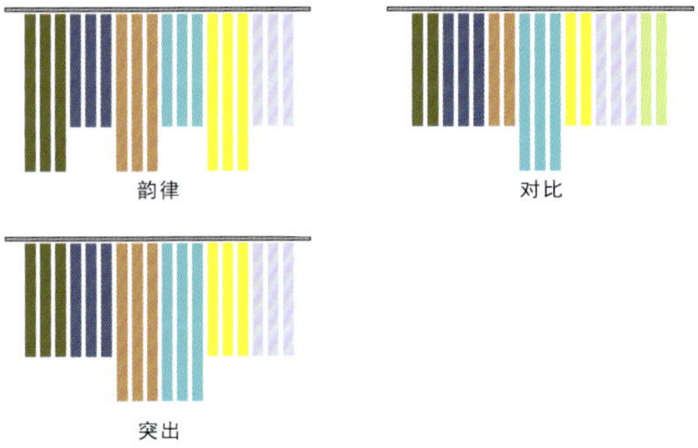

图 2–37　侧挂的排列规律（2）

（四）挂装陈列色彩规律

正面挂装色彩渐变从外向内或从前向后应由浅至深（图 2–38 ～图 2–40）；水平方向及侧挂色彩依据顾客流向，由浅至深。单个挂通上色彩可采用渐变或间隔（琴键）式排列。

挂杆陈列除了考虑颜色外，还应考虑到商品的款式设计和长短问题，使陈列富有节奏感（图 2–41、图 2–42）。

（五）挂装陈列辅助道具

卡子：卡吊牌、卡衣服。

大头针：衣服造型、别衣襟、别袖子。

（六）挂杆陈列

1. 挂杆陈列方向规范

（1）挂杆所挂服装的正面应与主通道线上顾客的视线正面迎望。

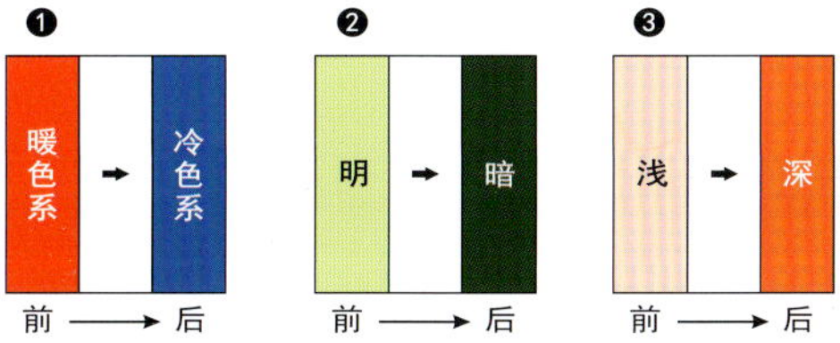

图 2–38 色彩渐变从前向后由浅至深

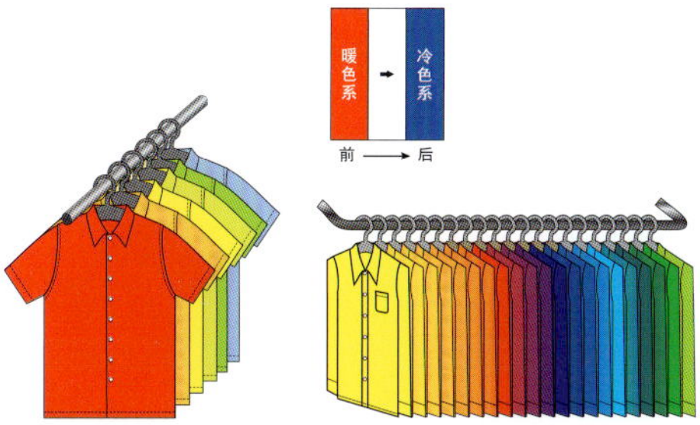

图 2–39 颜色渐变从外向内由暖到寒的陈列

图 2–40 颜色由浅到深的排列应用

图 2–41 上下装组合侧挂陈列

图 2–42 不同款式组合的侧挂陈列

（2）人形模特旁边的挂杆，其上所挂服装的正面应与人形模特的视线方向一致。

（3）人形模特与挂杆一起陈列时，即便是前后都有通道的卖场，其后面商品陈列的方向也要与人形模特的视线一致，但最后一件应朝向后面的通道（图 2-43）。

2. 挂杆陈列数量规范

（1）女性正装：挂杆长度为 1200 mm，均匀悬挂 14 ~ 15 件；堆在一起时，要空出整个衣架 2/3 左右的空间。

（2）连衣裙、上衣、下装：当这些品类服装的挂杆堆在一起时要空出整个衣架的 1/2 左右。

3. 挂杆高度规范

挂杆高度的规范非常重要，它直接影响顾客的购物体验、商品的展示效果以及店铺的整体形象。挂杆高度的设置需要根据商品类型、目标顾客群体，以及店铺空间布局来调整。常见的挂杆高度如下：

（1）上衣：挂杆的高度应为 1100 mm，商品底部到地板的距离以 200 ~ 300 mm 为宜。

（2）上衣 + 下装：挂杆的高度应为 1600 mm，商品底部到地板的距离以 400 ~ 500 mm 为宜。

（3）裤子：裤架的高度应为 1300 mm，商品底部到地板的距离约为 200 mm。

（4）裙子：裙架的高度应为 800 mm，商品底部到地板的距离应为 100 ~ 150 mm。

4. 挂杆陈列方法

（1）上衣 + 下装的陈列：不同花纹的上下装应分别陈列。

（2）在同一个挂杆上使用色彩对比进行陈列时，最好不要超过两种颜色，这样可以通过相互之间鲜明的对比来传达一个明确的形象（图 2-44）。

图 2-43　人形模特与挂杆一起陈列，商品方向要保持一致

图 2-44　黄黑两色陈列

图 2-45 包装状态的平面展示

图 2-46 服装展开摆放的平面展示

图 2-47 服装平面展示搭配的整体性

三、摆放陈列

摆放陈列有两种情况：一是展示包装状态，以包装形态进行展示，考虑的因素为包装的样式、颜色、特点和排列方式等；二是将服装展开摆放在展示台面上，主要考虑服装的款式和装饰细节（图 2-45、图 2-46）。

在摆放陈列时，应考虑服装搭配的整体性，遵循内外上下的穿着规律，并将设计的亮点突出展示（图 2-47）。

四、模特陈列

（一）模特陈列规范

模特陈列主要展现服装的整体搭配组合，反映当季的时尚流行或品牌最新的产品信息。模特陈列规范有：

（1）模特展示的是卖场的新款货品或推广货品，应注意其搭配关联性。

（2）模特组合陈列的风格要一致；除了特殊设计，模特上

扫码学习
全身仿真模特造型

扫码学习
木手模特造型

扫码学习
人模摆位陈列

图 2-48　十字交叉法

图 2-49　平行组合搭配

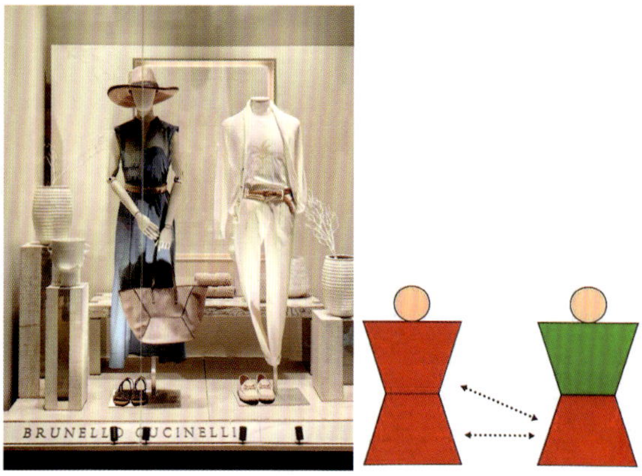

图 2-50　两个模特有一处共用色的搭配

下身都不能裸露。

（3）服装选用最合适的尺码，避免过大或过小。

（4）模特着装的颜色应有主色调，搭配多用对比色系陈列，用色要大胆，细节部分可以适当夸张，以吸引顾客的注意。

（5）为避免款式和颜色过于单调或商品污损，展示的服装要定期更换。

（6）多应用与主题相关的配饰品，以增强展示效果，并促进附加销售。

（7）模特身上不应外露任何吊牌或尺码，促销或减价商品除外。

（8）商品在穿着之前须进行熨烫。

（9）应模仿人真实的穿着状态，穿着后需整理肩部、袖口以及裤型，必要时用别针、拷贝纸做陈列效果，使表现的主题更为鲜明，更具生活气息。

（二）模特色彩陈列的方法

（1）十字交叉法（图 2-48），具有一定呼应性的变化搭配。

（2）平行组合搭配（图 2-49），具有稳重感的搭配。

（3）两个模特有一处共用色的搭配（图 2-50），这种搭配可更具统一感。

（三）模特展示辅助道具

模特展示辅助道具有大头针（别针）、硫酸纸、针线（图 2-51）。

（四）模特陈列的空间结构

在模特的摆放上，要注意模特摆放与空间结构的关系。摆放结构涉及多个服装模特之间的相互关系，以及服装模特与道具之间的搭配，这在服装陈列中具体体现在点、线、面、体的应用上。从摆放方式来看，常见的有一字型、三角形、不规则四边形和梯形等方式；从摆放层次来看，常见的有错位放置、斜向放置或斜向与横向的组合放置；从空间布局来看，常用的摆放技巧包括渐变、突变、中心透视或综合运用以上各种方式。在通过模特摆放来传递服装卖点时，应依据服装陈列的风格、服装所蕴含的文化内涵及其功能，利用亲密接触、若即若离、遥相呼应等距离关系，对空间、饰物和服装进行合理的归纳与安排，从而共同构建出一个具有视觉美感的陈列空间（图 2–52、图 2–53）。

扫码学习
人模服饰搭配技法

扫码学习
整体氛围营造

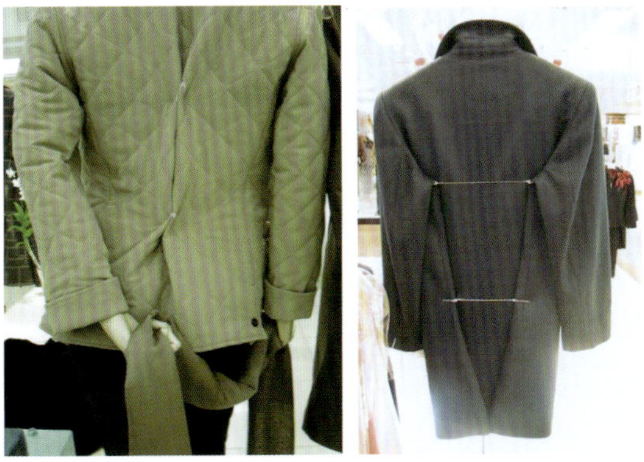

图 2–51　模特展示辅助道具

图 2–52　模特前后错位放置

图 2–53　模特一字型放置

知识点四：陈列组合构成

挂装、叠装、摆放和模特展示是卖场的基础陈列元素，陈列师将这些元素精心组合，形成壁面、平面、空间和局部的陈列单元。进一步精心设计和组合陈列单元，便能创造出多样化的整体卖场效果。

一、陈列组合构成内容

（一）壁面构成展示

1. 壁面构成展示的概念

壁面构成展示，就是在橱窗或店内的墙壁或粗柱子上装饰陈列展品，适用于需要做充分展开状的服装陈列，如轻薄的衣饰或用于调整视觉效果的陈列小品。这种陈列方式可以根据壁面空间的方向、位置和面积的不同，灵活布局，使服饰陈列呈现出严谨的序列性和组合关系。

扫码学习
陈列面组合构成手法

壁面陈列适合触摸和观赏，适用于不同类别和形态的展品，主要在于充分显现商品的平面形态、质地、肌理、图案纹样和花色变化。壁面陈列构成方式多样，如为了展示出人穿着时的形态以及色彩的趣味性，可辅以恰当的照明和背景衬托，给人以良好的注目性和视觉效果；也可依据商品的特点做陈列的构成设计，既可平面陈列，也可立体陈列，以增加壁面的丰富感（图2–54）。

2. 壁面构成展示的基本原则

壁面是最容易诱导顾客进入店内的区域，因此可以把最容易诱导顾客的墙面作为重点陈列面，在有效陈列的高度范围，集中陈列应季或者主推产品。壁面构成要注意整个壁面陈列的平衡以及色彩的协调，系列展示是否清楚等问题。尽量避免使宽广的墙面显得单调，在重要墙面，可以安排主题性陈列。

其规律有如下两点：

（1）适合壁面展示的商品有：单品商品，如毛衣、女衬衫和T恤、背心、裙子、长裤等，将其组合效果更好；质地轻薄的商品，如连身裙和轻薄的两件式组合，最好展示出自然的穿着状态；成套的西装外套等。

（2）不适合壁面展示的商品有：轮廓简单、朴素的连衣裙，这类服装如穿在模特身上，可能会更好地体现出服装的风格特征；很可能会留下大头针痕迹的商品，如细纱的丝、化纤及棉等。

图 2-54　橱窗壁面陈列

图 2-55　平面构成展示

考虑顾客的视线是壁面陈列的关键。高利润商品应陈列在与顾客视线同等高度的货架上（150～160 cm）；面积较小的服饰品通常选择中位或高位陈列，以进入顾客的视线范围。由于人的视线习惯从上往下看，因此在较低位置陈列商品是可行的；但在手够不到的接近天花板的高处堆满商品，反而会使宽广的墙面显得复杂。

壁面陈列，一般以货柜或展台陈列为主。货柜陈列可通过设计、规范陈列挂装、叠装、摆放及模特展示等形态，呈现出商品的充实感及店铺的品牌个性。这也是当前品牌店铺常见的陈列模式。

（二）平面构成展示

1. 平面构成展示概念

平面构成展示就是在展台、货架、柜子的内部及上部等水平面做装饰展示。这种展示方式应用广泛，既适合外形大且有分量的商品陈列，也适合外形小且体轻的多品种、多规格商品陈列。一般将商品置于视平线以下的低位陈列高度，充分展示商品的立体形态与造型结构，放置在店铺中岛位置，还便于顾客拿取和观看。利用展台、展架的不同造型和高度变化，平面构成展示可创建多种多样的装饰效果。

2. 平面构成展示的基本原则

平面构成展示几乎适合所有的商品，尤其以自然形态展示高级服饰时效果更佳，特别是毛皮服装。在展示时，应该明确介绍商品的特征，确保顾客清楚识别商品独特设计，如服装的外形轮廓、领口样式、裙摆的造型等（图 2-55）。

为提升商品的醒目度，平面构成展示应谨慎选择背景色彩。通常，展示浅色商品时，宜采用深色背景，而展示深色商品时，则应使用浅色背景；对于缺乏光泽的商品，可以使用华丽的背景进行衬托，反之，对于色彩艳丽的商品，则可采用无彩色背景（即 Achromatic Color，包括金、银、黑、白、灰色等非彩色系色彩）；若商品拥有多种复杂色彩，可以选择其中一种颜色作为背景。

为加强服装系列感和整体性，在平面构成展示时，可以搭配饰品，例如围巾、首饰、皮包、腰带、鞋子等，以展现半身或全身搭配效果为佳。需注意的是，配件与服装的搭配要具有协调性，较夸张的配件能够营造出显著的装饰效果。

（三）空间构成展示

1. 空间构成展示的概念

空间构成展示是指在通过人为创造的各种形式围合而形成的展示空间，利用各种陈列形态对服饰、模特、道具等进行组合陈列。这种展示形式包括实体空间和虚体空间构成展示。其中，橱窗是实体空间展示的最佳场所，而将服装或道具以相应的姿态与造型放置或悬空吊挂，再配合一定的陈列组合，给人以充分的立体空间感和良好的注目性，则为虚体空间构成展示。

2. 空间展示的基本原则

空间展示的重点在于展现立体效果，通过丰富的配置变化，来表现服装的深度、高低错落、褶皱变化以及颜色层次，从而产生强烈的立体感。在此过程中，可以运用各种器具或表现技巧，巧妙地利用眼睛的错觉来创造立体的陈列效果。在进行空间陈列时，商品的数量不宜过多，商品的种类和色彩的搭配也不应过于繁杂，要保持整体的系列感和协调性。此外，为了突显陈列的商品，空间中留白的处理至关重要，因为留白能够起到很好的衬托作用，使顾客的视线聚焦于商品之上。

在较大空间内进行展示时，分组展示更容易呈现良好效果。组合时要考虑色彩的系列、服装的类别和功能等。多个陈列组合要有比例的区分，并在数量、高度、深度等方面有所变化，展示多样美的效果（图 2–56）。

图 2–56　道具树、模特的前后纵深错位形成的空间陈列

（四）局部构成展示

为增强陈列展示效果，陈列师不仅应注重服装整体款式的搭配以及色彩的协调性，还应善于利用服装创造出出人意料的造型陈列，或者在服装某些部位做局部重点装饰，以充分表现服装的特色，从而产生趣味以吸引顾客的注意（图 2–57）。

图 2–57 衬衫领口的装饰表现

二、陈列组合构成形式

任何形态的构成都需要遵循统一与对比的基本原则。从构成学的角度讲，服装视觉陈列设计的构成就是呈现秩序的美感和打破常规的美感相结合的艺术形式。

（一）对称法

在服装陈列中，对称法的运用是指以中心为基准，向两侧延伸，确保两侧在大小、形状、色彩和排列上呈现一一对应的关系（图 2–58）。

图 2–58 模特对称陈列

（二）均衡法

均衡法是指在服装陈列时以某个点为中心，保持陈列面的形态多样但量感相等，从而实现视觉上的相对平衡。这种平衡包括物理力量上的平衡，以及色彩、肌理和空间等构成要素在心理量感上的平衡（图 2–59）。均衡法能够有效提升卖场的气势和动感。其构成形式包括曲线构成、斜线构成和射线构成等。

1. 曲线构成

曲线构成以带状曲线为主导，融合点、面元素，营造出优美生动且富有韵律感的空间环境。此种构成常用于橱窗和流水台的设

图 2–59 均衡法陈列

计（图 2-60）。

2. 斜线构成

斜线构成使人产生纵深感和方向感，同时又具有速度感和力量感。由于斜线构成的方向性和力量感太强，使人容易产生不安定感，一般情况下，斜线构成多用于制造氛围的主题展示。

3. 射线构成

射线构成是围绕中心向四周发散扩展的构成形式，多用于展区的醒目位置。它能增加陈列空间的张力，呈现大气、明快、视觉冲击力强的特征。射线构成的运用主要是解决好中心形态和周边形态的统一性问题。

（三）重复法

在服装陈列上，重复法就是针对同一展区一种形态进行重复性的连续排列，其中，服装、配饰和道具是最关键的可重复因素（图2-61、图2-62）。

图 2-60　曲线陈列

图 2-61　服装重复陈列

图 2-62　展架重复陈列

课后练习

一、填空题

1. 服装陈列色彩意义是：________、________、________。

2. 陈列构成的原则有：________、________、________、________、________、________、________。

3. 陈列色彩规划动因有：________、________、________、________。

4. 陈列的形态构成包括________、________、________、________、________。

5. 在服装陈列上，对称法的运用是指以中心为基准，向两侧延续，确保两侧在________________呈现一一对应的关系。

二、选择题

1. 常见的陈列色彩的搭配有：（　　）。

A 同类色搭配

B 近似色搭配

C 强烈色搭配

D 对比色搭配

2. 深浅、明暗不同的两种同一类颜色相配，显得（　　）。

A 柔和

B 亲和、文雅

C 比较强烈

D 鲜明对比

3.（　　）可以增加卖场的商品存储量，适用于文化衫、正装衬衫、牛仔裤、毛衫等比较常规的款式品种。

A 挂放

B 模特展示

C 叠装

D 平面展示

4.（　　　）主要展现服装的整体搭配组合，反映当季的时尚流行或品牌最新的产品信息。

A 侧挂

B 模特展示

C 平面展示

D 正挂

5.（　　　）就是在展台、货架、柜子的内部及上部等水平面做装饰展示。

A 平面构成展示

B 壁面构成展示

C 空间构成展示

D 局部构成展示

三、思考题

请谈谈卖场中配饰品的陈列，有哪些关键要点？

Recommend 推荐书目

《卖场陈列设计——服装视觉营销实战培训》

韩阳编著的《卖场陈列设计——服装视觉营销实战培训》，2012 年 1 月由中国纺织出版社重印。卖场陈列设计是成功完成终端销售环节并实现服装品牌的产品价值的一个重要因素，该书包括卖场构成和规划、陈列形态构成、陈列色彩构成、卖场照明、橱窗设计、商品配置规划、陈列管理等内容。作者曾长期在国内著名企业从事服装品牌的管理工作，其把多年的实战经验融汇在字里行间。

《立体构成训练》

赵燕主编，俞爱芳、朱鸽翔著的《立体构成训练》，2006年7月由浙江人民美术出版社出版。该教材系列的编撰者大都是中国美术学院毕业或清华大学美术学院早年毕业的专业教师或教授，这本书是他们十多年的设计教育理论与实践的结晶。该书从无到有，从平面到立体，从材料构成到形式构成，最后到形式法则，都进行了详细地阐述，对构成画面的各种因素所带来的视觉张力、视觉心理、视觉通感、情境氛围等进行深入分析、归纳、研究，揭示造型艺术形态元素的构成规律及个体情感传达的共性感受与普遍意义，对帮助陈列创意设计师激发灵感、开发创意和进行实践有很好的指导作用。

《艺术·设计的立体构成》

[日]朝仓直巳编著的《艺术·设计的立体构成（修订版）》（现代艺术设计基础“三大构成”教材），2018年10月由江苏凤凰科学技术出版社出版。该书从立体构成的意义和目的、要素和材料的立体构成、结构、运动与错视、技法的开拓等几个方面进行阐述。书中所选案例来自艺术名作和学生作品，举例丰富，分析详细。虽然此书与陈列没有直接关系，但其强调对学生的审美能力、创造能力和动手能力的培养，对陈列创意设计开发和实践有很好的指导作用。

3 〉项目三

卖场空间布局与动线设计

〉项目引言

卖场空间布局和动线设计对于一个卖场而言，就如同城市规划对于一个城市。它不仅是配置合理商品结构的前提条件，更是促进消费者购买的极大诱因。如果布局不合理，可能导致顾客体验不佳、降低消费意愿，甚至引发安全隐患等问题。

本项目知识目标主要是掌握卖场陈列空间构成要素、空间布局原则以及通道动线规划的相关知识。能力目标是能对卖场陈列空间进行科学规划，并设计合理的卖场动线。素质目标是培养独立学习和主动探究的习惯以及以人为本的陈列设计理念。

根据项目目标，本项目要求完成的任务如下。

任务五：

分析品牌服装卖场空间陈列的优势与不足，并借助虚拟仿真实训软件，对服装卖场空间进行调整与规划设计。

扫码学习
虚拟仿真实训项目——店铺空间规划

〉项目实施

任务五：

分析品牌服装卖场空间陈列的优势与不足，并借助虚拟仿真实训软件，对服装卖场空间进行调整与规划设计。

1. 任务目标

通过实际训练，学生掌握卖场空间陈列区的货品陈列布局方法和动线规划技巧，会进行卖场陈列空间设计。

2. 任务五学时安排（表 3–1）

表 3–1　任务五学时安排

	技能内容与要求	参考学时	
		理论	实践
1	任务导入分析	2	—
2	品牌卖场空间陈列调研	—	1
3	卖场陈列布局和动线设计优劣势分析	—	2
4	卖场陈列空间调整设计	—	3
合计	—	2	6

3. 基本实训程序和考核要求

（1）分组安排：每组 3 ～ 4 人。

（2）任务分析：对已获得的校企合作项目或教师自拟任务进行分解，通过调研和资料搜集，充分了解服装品牌历史、理念、风格及产品特点等相关信息，掌握任务要求。

（3）卖场陈列布局信息采集与整合：了解卖场陈列空间布局情况及陈列规范，分析产品色彩和主推款式。

（4）卖场陈列布局和动线设计优劣势分析：对卖场的陈列布局和顾客动线设计进行优势与劣势的评估。

（5）卖场陈列空间调整设计：方案设计充分考虑服装卖场的产品构成，确保产品陈列和器架布局规划合理，遵循人体工程学原则，色彩搭配既和谐又时尚，整体感强烈，动线规划合理。

（6）方案综合评价与优化：对设计方案进行整体评价，并优化方案。

〉项目达标记录

〉项目总结

学习资料索引

知识点一：卖场空间布局工作内容

一、卖场产品陈列布局的概念

卖场是企业与顾客以货币和商品进行交换的场所。卖场空间布局简单讲就是为达到经营目的，结合卖场内外综合情况确定各类商品用何种比例，何种陈列方式，陈列于何处的工作。

（一）卖场空间布局目的

1. 最大限度地将销售的产品展现给顾客。这是卖场布局设计的首要问题。卖场的大部分顾客多以冲动性购买为主，而让顾客产生冲动性购买的前提则是看到商品。

2. 合理安排产品结构（品类及品项），充分展示产品类别及服务。

3. 合理设计动线，方便顾客选购及提高销售人员工作效率。

4. 塑造舒适的购物环境。

（二）卖场空间布局工作内容

卖场空间布局是一项复杂的工作。一个成功的卖场空间设计，主要受消费者生活方式和价值观念、目标顾客群体、企业理念、产品构成、卖场空间布局、产品陈列方式、动线规划等因素影响。

其中，消费者生活方式和价值观念、目标顾客群体、企业理念、产品构成等几个因素是卖场设计中的上游工作，属软性工作，需要理性分析。而这些工作水平的高低，很大程度上决定了卖场设计的成功与否。

至于卖场空间布局、产品陈列方式、动线规划、磁石点设计这些因素，则是卖场设计中的下游工作，强调计划性和技术性，更多表现为硬性的工作，是顾客可以切身感受到的部分。具体表现在以下几个方面：

1. 消费者生活方式和价值观念

不同地域的消费者在生活方式、价值观念、收入水平、购买习惯、饮食习惯等方面存在着很大的差距，而卖场设计与地域消费者的需求有着直接而密切的关系。只有对商圈内消费者的生活方式、购买习惯、价值观念有充分的了解，才能营造出针对商圈顾客需求的带有生活提案的卖场。

2. 目标消费者和企业经营理念

明确了目标顾客，这只是站在自己的角度上的一种认识，而这种认识只有得到顾客识别才有意义。目标市场的确立应具有双重的含义。首先，商家必须明确自己是什么性质的企业；其次，要让顾客认识到你是什么性质的企业。只有当两者一致时，企业的经营才能展开。当企业确定了目标顾客，就要围绕目标顾客确立自己有别于其他企业的价值取向、经营概念和风格，传递企业文化和形象，从而让目标消费者识别企业经营理念。

3. 产品构成

产品是陈列起点和构成基础，同时也是卖场陈列的最终目的。企业的经营理念是通过卖场中的服装产品演绎和表现出来的。不同产品组合决定了卖场的性格和特征。因此，设计师对卖场进行设计时，应充分理解产品的特性、产品知识、区分重点产品、季节产品、新产品等，同时还要了解这些产品的购买对象以及他们使用这些产品时的生活场景，最终将服装卖点有针对性地凸显出来，并能吸引消费者进行购买。

4. 卖场空间布局与动线规划

如果说以上几个方面构成了卖场设计的策划核心，那么卖场空间布局、动线规划等则展现出鲜明的计划性特征。策划阶段侧重于对卖场设计的理性分析，这部分内容往往不直接呈现于视觉层面。而进入计划阶段，则着重于将策划阶段的理性思考转化为卖场中的视觉表现，实现策划与实施的统一。卖场空间布局、动线规划等之所以带有鲜明的计划特征，是因为它们与企业的销售计划、促销计划及宣传计划紧密关联，通过各类营销技术手段，在卖场的平面与立体空间中精心营造出独特的视觉效果。

二、卖场空间陈列布局的步骤

卖场空间陈列布局步骤包括目标消费者购物研究、零售市场研究、竞争对手研究→卖场结构研究分析与规划→商品面积分配、调整、评估→卖场陈列布局设计、调整、评估→品类面积分配及陈列方式的确定、调整、评估→商品陈列实施。

（一）目标消费者购物研究、零售市场研究、竞争对手研究

这些内容涉及面广、复杂而重要，是做好合理、科学布局的首要任务，也是达到经营目的的有效保障。

（二）卖场结构研究分析与规划

了解卖场的结构特点，结合周边环境及卖场的长期发展规划，进行全面、充分、科学且具有前瞻性的总体布局判断与计划。

（三）商品面积分配、调整、评估

各类商品的面积分配可以采用两种方法。一是陈列需要法，就是卖场根据某类商品所必需的面积来定，服装部和鞋部采用此法较适宜；二是利润率法，就是卖场根据消费者的购买比例及某类商品的单位面积的利润率来定。每一地区消费水平、消费习惯不尽相同，必须根据自己所处区域的综合特点作出商品面积配置的抉择。

（四）卖场陈列布局设计、调整、评估

卖场陈列布局设计后，应结合实际情况，征求各方意见及时作出调整及评估，反复多次将有利于设计的科学、合理及前瞻性。

（五）商品品类面积分配

具体到品类的空间陈列时，应综合考虑产品的体积特征、品类之间的关联性、消费者花费的分配以及竞争品牌在同一品类空间中的分配等因素。

知识点二：卖场空间构成

卖场作为商业空间，一般由店外空间和店内空间构成。

一、店外空间

店外空间包括店铺招牌、路口小招牌、橱窗、遮阳篷、大门、灯光照明、墙面材料及其颜色等。优秀的卖场外部环境设计能够吸引顾客驻足关注，甚至起到“一见钟情”的效

图 3-1　店外空间

图 3-2　店铺招牌

图 3-3　可爱卡通的店面，以小熊的半身造型为门面，色彩靓丽，成为一道风景线

图 3-4　店名展示设计

图 3-5　店中店品牌的招牌设计

果。顾客通过店外空间能够直观感受品牌的风格与定位，以及店铺经营的内容和理念（图3-1）。

商业活动的特性决定了店外空间的主要目的是面向外部，向过往行人展示销售信息。因此，在设计店外空间时，应充分考虑实地空间条件，并体现品牌的文化理念。作为品牌文化形象的首要展示窗口，店外空间传递的信息应简洁、明了、具有吸引力。由于行人对于店外空间的关注往往是短暂的，因此，视觉信息需要一目了然，且必须富有创意（图 3-2）。

古语云："窥一斑而知全豹"。许多潜在顾客也有这样的心理，店外空间就是整个卖场给顾客的第一视觉印象，就是卖场的浓缩展现的"一斑"，而入口传达的信息能不能引起顾客的兴趣，直接影响着该卖场的销售业绩，因此，利用店外空间部分的设计，可以"抓住"更多顾客（图 3-3）。

（一）店铺招牌

店铺的招牌通常也是品牌的标志。它构成了品牌视觉形象识别的核心。这个标志一般位于卖场入口的地面、门楣处，或结合灯箱设计成竖立的店名，放置在门店入口最显眼的位置。店铺招牌设计采用品牌的标准化图形和文字，通过对色彩、图形、材料等多种元素的组合，来凸显品牌的独特性（图3-4、图3-5）。

卖场的名称可能独立于商品品牌。例如，连卡佛这样的卖场展示的是设计师作品、高端时尚品牌以及各种定制艺术品。大多数服装公司将产品商标与公司名称统一，这样便于宣传和商业操作。以香奈儿和迪奥为例，它们的店铺名称与商品商标相同，店内销售的是同一品牌下的不同产品。商标与店铺名称一致，非常便于消费者记忆，是经营者明智的选择。

（二）橱窗

橱窗通过模特和其他陈列道具组合成主题展示，直观地传达品牌的设计理念和卖场的销售信息。橱窗通常位于卖场出入口的一侧或两侧，与出入口一起构成卖场的门面。此外，橱窗有时也会独立设置在卖场的侧面，形成一道独特的风景（图3-6）。

（三）出入口

通常，出口与入口是合一的，并且与橱窗的设计相融合，相互衬托。不同品牌定位的店铺，其出入口的大小和造型也会有所不同。一般而言，越是高端的品牌，出入口设计得越小，以传递出仅为少数尊贵客户服务的理念；而休闲品牌则通常拥有较为宽敞的出入口。出入口空间的形式分为平开式和内嵌式两种：平开式出入口与橱窗位于同一水平线上，无深度差异；而内嵌式出入口与橱窗不在一条直线上，后退的开门与橱窗空间共同构成一个入口区域，具有较强的导向性。根据卖场位置的不同，入口的设计方式也会有所差异。

图3-6　路易威登精美的橱窗或大或小、形式多样，分布在出入口两侧

图 3-7　出入口和橱窗被整合在一起

图 3-8　内嵌式入口

图 3-9　店中店的门面受到商场的总体规划的限制

图 3-10　POP 看板

1. 平开式入口（图 3-7）

出入口与店头平齐。

2. 内嵌式入口（图 3-8）

从外面看，出入口店头凹进店内。出入口被店铺包裹镶嵌在内部。

3. 街边店（底商）店铺入口

街边店铺一般在建筑建成时就已经确定了入口的形式，并且受到建筑立面风格的局限，后期改造的可能性较小。因此，对于这类店铺的入口，应因地制宜地进行设计，在不破坏建筑整体风格的前提下，延伸店内风格、设计 LOGO 和橱窗，以实现吸引顾客的目标。

4. 店中店店铺入口

店中店大多设置在大型商场内部，规划标准面积在40～60 m^2，相对街边店，几乎不受建筑风格影响，但往往受到建筑楼层高度及商场形象要求的制约。一般楼层较低的店铺其入口设计不宜过于复杂，并且在同一商场内，店中店的店头入口和门楣设计通常会保持统一（图3-9）。

（四）POP 看板

通常放置于卖场入口处，用图片和文字结合的形式告知卖场营销信息（图 3-10）。

二、店内空间

店内陈列空间由三部分组成，即商品空间、服务空间、顾客空间。

扫码学习
卖场陈列空间构成——按营销管理功能划分

（一）商品空间

商品空间是指陈列展示服装商品的位置，是卖场的核心区域。设置商品空间的目的是方便顾客挑选和购买商品，促进销售。为了实现销售目标，需充分挖掘商品空间的展示功能和存储功能，在尽量充分利用空间并确保存储量的基础上，合理规划陈列区域，并使商品空间各部分之间具有关联性和互补性。这样的展示效果，能引导顾客逐步深入，自然而然地对商品有一个全面、深入的了解。当然，不同的服装品牌根据自己的品牌特色和服装特点，都会在商品空间配备一些特定的展示器具。根据不同的分类方法，服装展示器架主要有风车架、圣诞树架、高架（高柜）、矮架（矮柜）、边架（边柜）、中岛架（柜）、裤架（筒）、饰品架（柜）等（图3-11～图3-14）。服装展示器具经过陈列师的巧妙陈列组合，将卖场的商品空间划分为重点陈列区、量感陈列区和复合陈列区。

图 3-11　圆形架

图 3-12　边架

图 3-13　造型陈列桌

图 3-14　货柜

1. 重点陈列区

重点陈列区类似敞开式橱窗，主要用于展示重点推荐产品，体现品牌风格和设计理念。这一区域通常位于卖场的入口处或显眼的位置，并通过使用人模和展示台进行造型组合陈列。合理且科学地设计重点陈列区，能够吸引消费者进店浏览，进而增加销售可能（图3–15～图3–17）。

2. 量感陈列区

量感陈列区包含商品展示空间和商品选购空间。商品展示空间是选购空间的“展示窗口”，有时也会把它叫作视觉冲击区，是协调和促进相关销售的魅力空间，是商品陈列计划的重点，其作用在于展示本区域商品形象并引导销售。

商品展示空间位置应位于顾客视线自然落到的地方，如墙面上段的中心部分、货架的上部、隔板之上；服装商品通常是以正挂出样为主。

商品选购空间通常是指按照色彩、尺寸、面料等分类标准划分的存储区域，这是顾客在形成消费需求时最终会接触到的空间，有时也被称为容量区（图3–18、图3–19）。

量感陈列区的商品展示遵循就近原则，例如，顾客对一件米色西服感到满意，若还想查

图3–15　从陈列到服装产品，无不体现了现代、极简、舒适、华丽、休闲又不失优雅的纽约生活方式

图3–16　卖场的重点展台陈列，模特所穿服装和货架侧挂的服装，形成一定关联性，可让顾客在欣赏到模特穿着之后，很快找到相应产品

图3–17　男装展台陈列，诠释了品牌所倡导的生活方式

图3–18　圈定部分为展示空间，其余为选购空间

图 3-19　男装量感陈列区

图 3-20　日本某店铺复合陈列区

看其他颜色的同款商品，通常会就近寻找。因此，应将款式、颜色和特征相似的商品集中陈列，从而建立商品之间的联系，以促进销售。

3. 复合陈列区

复合陈列是一种量感陈列和重点陈列混合的方法。通过重点陈列吸引顾客的注意力，引导他们进入卖场，然后流向量感陈列区，最终实现销售目标。复合陈列区是促进连带销售的理想区域（图 3–20）。

（二）服务空间

服务空间是用来完成服装售卖活动，使顾客享受品牌超值服务的辅助空间，主要包括试衣间、工作台、仓库、操作间、休息区等，一般都是相对较差的位置，不影响正常销售。

1. 试衣间

试衣间是供顾客试衣和更衣的私密区域。它通常位于店铺的转角处，将原本不太显眼或不太吸引人的角落合理利用。

2. 工作台

工作台既是顾客收取服装、付款结账的区域，也是卖场销售人员统筹全局的销售枢纽，同时也是提供顾客服务、记录日常工作的场所。通常，工作台也被称为收银台（图 3–21）。

3. 仓库

在卖场中设置仓库，可以在最快的时间之内完成卖场的补货工作。仓库的设置主要视每日卖场的补货状态以及卖场面积是否充裕而定。

图 3-21　女装店铺的收银台

图 3–22　旗舰店贵宾休息区

4. 休息区

休息区一般放置椅、台、杂志、画册及 POP 等，是给顾客或其陪伴者歇息的地方。休息区的设置与否，需根据品牌的定位和营业面积的大小来确定（图 3–22）。

（三）顾客空间

顾客空间指顾客参观、选择和购买服装商品的场所。通道设置的合理性，货架摆放的有序性，顾客行走路线、空间的舒适性都是促使顾客停留下来的重要因素。

知识点三：卖场空间布局

商品空间、服务空间和顾客空间共同构成了一个完整的卖场空间。如果在卖场施工时，对卖场空间的陈列布局没有进行规划，那么这不仅使卖场形象不易展现，还容易造成橱窗及卖场气氛的不协调。卖场空间布局规划的目的在于通过深入研究卖场的空间结构特点，合理布置展示器架和陈列商品，以营造良好的卖场氛围，吸引更多顾客进店，延长顾客在店内停留时间，从而提升销售业绩。

1. 卖场空间布局的基本原则

（1）方便进入。

（2）方便购物。

（3）可自由比较商品。

（4）可自由选择商品。

明确了上述陈列布局的原则，再由店员参与、提出意见，拟定落实卖场空间的规划方案，使卖场的空间规划和布局设计充分表现展示的主题和销售目的，从而使卖场更具冲击力。

2. 卖场空间布局规划

在卖场空间布局中，应具备全局观念，预先规划好整个卖场的布局，所有元素的配置都需要考虑到它们在使用的过程中会如何影响尚未使用的空间；整体规划还需兼顾每一个细分空间，确保它们既具有独特性，又能过渡自然，从而使卖场陈列布局清晰有序，为顾客在店内购物提供良好的引导。

3. 尊重顾客的意见

完成卖场空间规划设计后，应从顾客的角度出发，进行详细检查和修正，然后方可实施。假设只依内部人员的意见拟定计划，往往容易倾向于卖场自身的需求，过分强调卖场的便利性和功能性。为避免这种情况，在拟定规划方案时不妨请顾客参与，听取他们的意见，并进行讨论。具体检查卖场空间布局方案的方法可以在销售期间每天选取三名不同年龄段的顾客，通过问答形式进行调研。

一、店外空间布局

店外空间是吸引消费者的关键区域之一，它决定了是否能将消费者吸引入店。出入口一般在卖场门面的左侧，宽度为 3 ~ 6 m。出入口处的设计要保证店外行人的视线不受阻碍，能够直接看到店内。店外空间在留出了出入口处之后，如果有剩余的场地，可以放置广告灯箱，或者设计品牌形象标志，用来宣传品牌与产品信息。有些品牌还会利用店外空间的外立面，进行创意设计，以此来加强与消费者的沟通和联系（图 3–23 ~ 图 3–26）。检验一个卖场店外空间是否优秀，可以从以下几个问题中找寻答案。

（1）信息传递是否具有鲜明的个性，并能够给受众留下深刻的印象。

图 3–23　店外空间布局（1）

图 3–24　店外空间布局（2）

图 3–25　店外空间布局（3）

图 3–26　卖场外立面的灯光设计

（2）卖场销售商品的可识别性内容是否清晰可见，便于顾客辨识。

（3）店面设计是否融入了当前流行的信息元素。

（4）卖场的整体形象是否足够吸引顾客的关注。

（5）诱导性设计是否有效地发挥了其引导顾客的作用。

（6）宣传型卖场在营业结束后是否仍能保持对顾客的吸引力。

（7）店面的外观形象标志是否适量，避免过多而损害整体形象的美观。

（8）是否考虑了店面造型与周边卖场及建筑风格的协调性，综合评估了其比例、尺度、识别性与导向性，并且是否恰当运用了不同材质的自然色彩和肌理质感，以营造出自然且富有情趣的视觉效果。

扫码学习
服装卖场货架规划

二、店内空间布局

店内空间布局以人体工程学为理论基础，着眼点于人性化设计，从人体尺度、人体生理、人体心理等几个方面来考虑。店内空间布局包含器架布局、商品布局两个方面。

（一）器架布局

1. 立面空间陈列

立面空间陈列即垂直方向的陈列。垂直方向陈列的服装最容易被视觉感知。对于消费者而言，最容易看到和摸到服装的高度一般是距地面85～125 cm，这个高度刚好在消费者的视平线范围内，消费者往往习惯在视平线范围内寻找感兴趣的产品，因此，店铺主推服装陈列在这里应是最有效的，是立面陈列的黄金空间；70～85 cm、125～140 cm的高度范围也是比较容易看到和摸到商品的位置，可以作为有效的陈列空间；60～70 cm的高度是稍微弯腰或稍微低头就可以取到或看到服装的位置；同样，140～180 cm的高度也是稍伸手或稍抬头就可以取到或看到服装的位置，被称为准有效空间；而在60 cm以下高度一定要低头才能看到服装商品。因此，这个空间主要作为存储空间或容量空间，用来放叠装产品比较合适。180 cm以上也是难以摸到的位置，但却是从远处容易识别的位置，是陈列展品的有效空间，可以称为展示空间（图3-27、图3-28）。

2. 平面空间陈列

促成消费者购物的一个重要前提是引导他们进入卖场，帮助他们快速找到所需商品进行购买。在靠近卖场入口处摆放体积小、高度低、容量少的器架；卖场的中间区域摆放体积相对较大、高度较高、容量较多的器架；而在卖场最深入的区域应摆放板墙和体积最大、高度最高、容量最多的中岛器架。这样的布局设计能让消费者在有限的视觉范围内和时间内尽可能多地看到展示的商品，这是吸引消费者进入店铺的有效策略（图 3–29）。

商品陈列要让消费者显而易见，这是达成销售的首要条件，让消费者能够清晰地看到商品，进而吸引他们的注意，才能激发他们冲动购物的欲望。从服装产品与消费者关系的研究来看，陈列设计需要特别的空间设计来达到“最大信息传送”和“最小视觉空间障碍”的对比需要（图 3–30、图 3–31）。

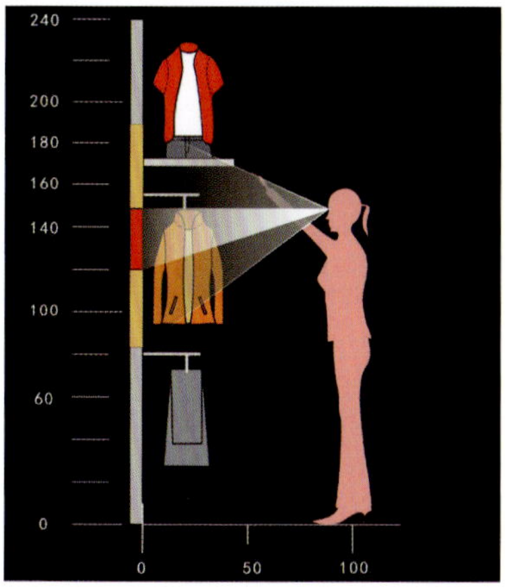

图 3–27　立面陈列与人体工程学（单位：cm）

图 3–28　不同立面空间陈列布局

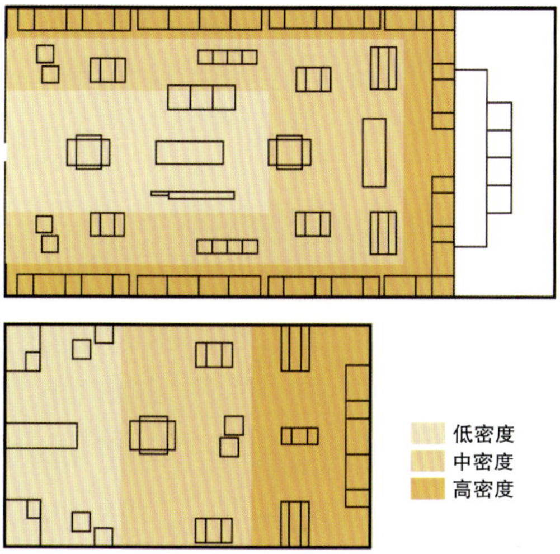

● 低密度外围区域：卖场最外边缘，最接近顾客自由通行的区域，是最能展现不同销售季节商品信息的重要区域
● 中密度中岛区域：卖场内直接影响客流走向的区域，充分表现某些品类的款式、数量、尺寸、颜色等
● 高密度壁柜展示区域：卖场内靠墙壁柜展示区域，商品通过挂、摆、叠陈列手法以及色彩分割让顾客一目了然

图 3–29　某卖场货架分布

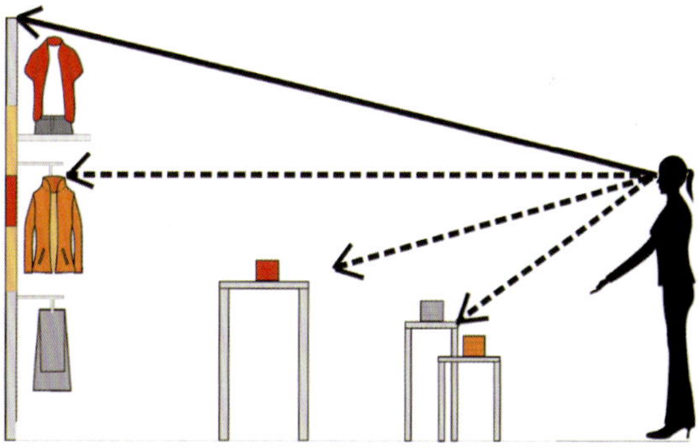

图 3–30　“视平线”范围内的有效陈列，可以提升销售业绩

图 3–31　在卖场入口看卖场，呈现在眼前的是各陈列器架由低到高布局

扫码学习
卖场陈列空间构成——按销售功能划分

扫码学习
卖场陈列概念空间规划——卖场 VP、PP、IP 规划

（二）商品布局

当货架布局都已经安排妥当，剩下的就是在货架里面做“填空”，把对应的服装商品填空到货架空间里面。

1. 等级规划

卖场销售区分为 A、B、C 三个区域。A 区为黄金区域，是顾客关注度最高的地方。它通常是位于卖场入口的陈列桌和卖场两侧第一组货架，是顾客首先看到或到达的区域。它是对品牌的最初介绍，也会告知消费者，店内将会提供哪些产品。这是唯一的机会，可以清晰地向顾客传递最重要的信息。因此，必须确保在黄金区域内呈现强而有力的产品，以吸引顾客进入店内。B 区通常位于卖场的中部，包括龙门架、陈列桌等陈列组合，是畅销的量贩区域，适合陈列 A 区撤下的商品、次新款和基本款。C 区在卖场中位于较偏的位置，通常是卖场后部，是顾客最后到达或容易忽略的区域。这里适合陈列易于识别的款式、色彩鲜艳的商品，以及不受季节及促销影响的款式（图 3–32、图 3–33）。

2. 品类分区

品类较丰富的品牌会对品类进行分类并分区。比如既有男装，又有女装和童装的品牌，会把男装、女装、童装分开陈列。一些既有休闲装，又有商务装和潮流服装的男装，也会对其进行分区陈列。有组织地把货品进行归类陈列，可以使整个卖场呈现出产品的流动感，并方便顾客寻找所需的产品（图 3–34）。

卖场销售性区域划分：

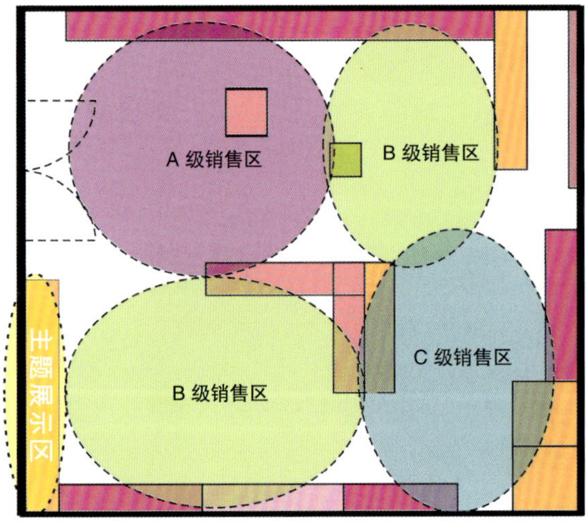

图 3–32　卖场布局往往会决定销售区等级

图 3–33　某卖场 A 区分布

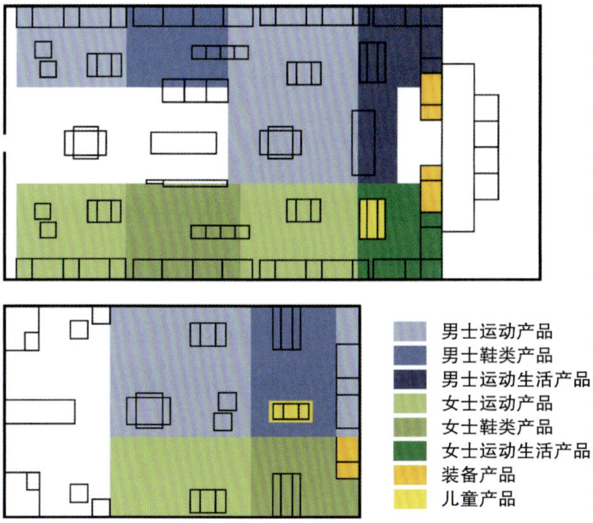

图 3–34　某卖场产品类别分布

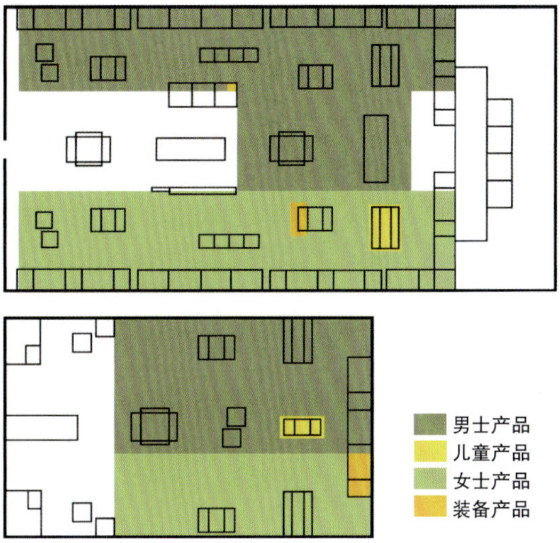

图 3–35　某卖场的系列分区

3. 系列分区

将相同系列的产品陈列在一起，阐述完整的产品故事，方便顾客选购。系列产品区域的划分要注意体现分类的逻辑性，不同系列之间的过渡要非常流畅自然。比如耐克（NIKE）系列产品，因为每个系列都会涉及体育运动，所以产品系列的布局应当从运动系列产品开始，接着再是运动生活系列产品（图 3–35）。

4. 色彩分区

将相同或相近色系的产品陈列在一起，讲述产品色彩故事。

5. 尺码分区

一般用于断码促销店。

6. 价格分区

一般用于特价促销店。

（三）服务空间布局

服务空间是非主要产生利润的区域，它通常设置在视觉效果相对较差的出入口附近或者角落，高效利用空间的同时利于人员对出入货品的有效监控。

休息区通常设置于靠近试衣间的位置，是为顾客提供服务与了解顾客需求的场所，还是个能让顾客看了画册有主动了解品牌欲望的区域。

知识点四：卖场通道动线规划

扫码学习
卖场通道及动线设计

卖场的通道动线设计是与空间规划紧密相连的，其主要考虑顾客的流动方向、顾客的购买时限、顾客的停留移动范围和商品的种类、商品的生命周期、商品的陈列区划分。合理安排顾客通道动线，可以减少人流的交叉、迂回，避免人流量较大时出现拥挤和堵塞，使顾客在参观时感受到空间带来的韵律感和节奏感。

通道分主通道与副通道。其中，主通道是贯穿全场的中心通道，位于中央展台周围，宽度一般 80 ～ 150 cm。主通道的作用是应用无声的物品布置，影响顾客，引导人流走向，并让其自由获得信息。主通道人流量较大，单人逗留时间短。反之，人流驻留时间较长的是副通道。副通道是顾客移动的支流，宽度一般在 60 ～ 90 cm，副通道的作用是让用户详细了解和体验产品，是产生销量最大的地方。在副通道，销售员可影响顾客，使其加深对产品的认识和产生欲望。图 3-36、图 3-37 为顾客不同的购买场景所需要的通道宽度。

动线包括顾客动线、店员动线、后勤动线。其中，顾客动线是指顾客在卖场内移动的路线。顾客动线设计是指在固定的空间里设计人流走动的主体方向，让顾客按照设计者事先设计好的路线流动。顾客动线越完整、越连贯，越能使顾客走遍全场越好；店员动线是导购人员招呼顾客、解说产品、促销的路线，距离越短越好；后勤动线是进行铺货、补货、物流等工作的路线，距离短且不影响销售工作为好。

一、通道规划

规划顾客动线的前提就是规划卖场通道，通道规划的合理性是卖场人流流畅的基本保证。规划通道的程序如下。

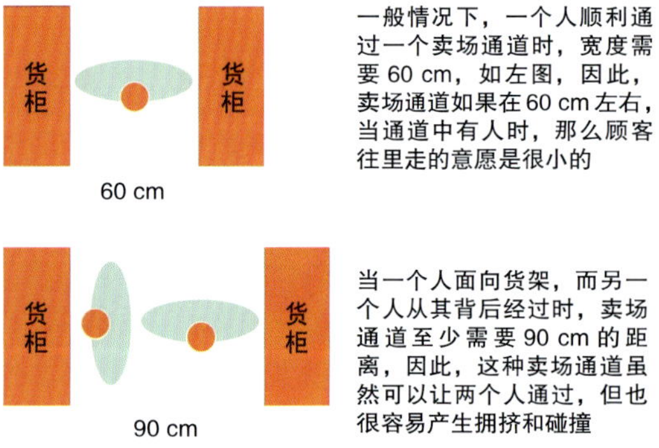

图 3-36　通道的宽度是由店铺大小和顾客购物行为来决定的

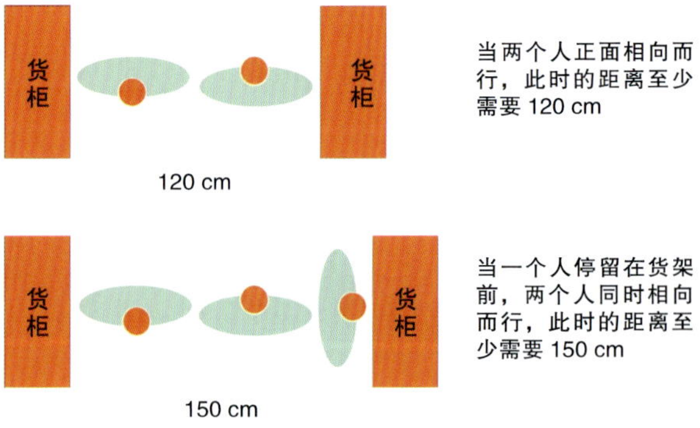

图 3-37　通道的宽度是由店铺大小和顾客购物行为来决定的

第一步，设定主通道：为了让顾客浏览到卖场的所有角落，主通道必须先确立，顾客习惯浏览的路线即店内的主通道。大型卖场为井字或环形，小卖场为 L 或反 Y 字型。主打产品应陈列摆放在主通道的货架上，使顾客容易看到、摸到。

第二步，设定副通道：一般副通道由主通道引导，使顾客到达不同的商品区域，副通道的数量和形态不定，依照卖场的个别需求及空间决定。

第三步，依照主、副通道的方向将主力商品、辅助商品及其他类型的商品区分排列。

第四步，付款动线与通道：将收银柜作为动线的收尾。其他如照明设备、标志、色彩、美化陈列设备（如展示桌）等，不要影响整体的卖场空间设计。

通道规划设计要以人体工程学的研究为数据基础，此外，我们还要注意以下一些通道设计的规律和方法，以此帮助我们完成更加科学合理的总体的卖场空间规划（图 3-38）。

（1）入口通道应保持宽敞，避免过于拥挤，以免降低顾客进店率，同时减少岔路设计，确保流畅的购物动线。

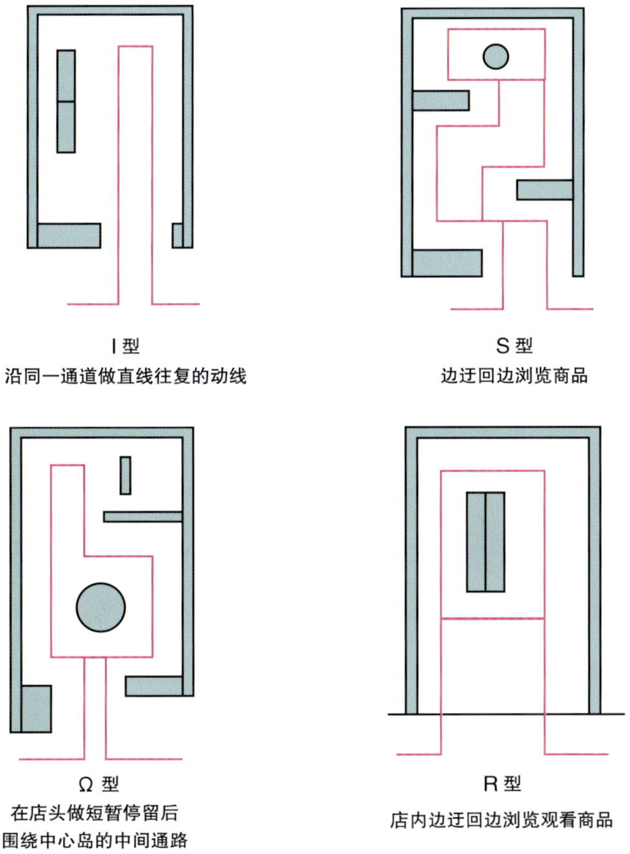

图 3-38　通道规划平面图

（2）靠近墙面的通道应较为宽敞，确保顾客在卖场内能够顺畅行走。

（3）通道宽度是进行区域划分的重要依据，最宽的通道通常充当商品或区域之间的自然分隔。

（4）中岛货架之间的通道不必过宽，但应确保不狭窄，宽度至少不应低于 90 cm。

（5）收银台前的空间需足够宽敞，至少应有 150 cm 的宽度，以保障顾客通行和收银操作的便利性。

（6）中央陈列区的高度不宜过高，应与过道尺寸相协调，以便顾客行动自如。

（7）应增强卖场后部的照明，以此引导顾客深入卖场内部。

二、磁石点规划

通道的宽窄和舒适程度，会影响消费者的进店意愿，因此有必要通过考虑消费者追求舒适、新奇、安全、便捷的生活习惯，利用服装色彩、形态以及光线明暗的变化等设计合理的磁石点，为顾客动线的流向提供引导（表 3–2）。

表 3–2　磁石点陈列设计

磁石点	陈列位置	组合形式	陈列技法
入口处	店铺的入口处	1. 模特与流水台的组合； 2. 模特群组合	1. 采用较诱目的色彩； 2. 展示高度不得低于 1500 mm； 3. 注意组合后的陈列结构； 4. 营销活动的重点展示区域，充分展现促销主题； 5. 采用装饰性灯具或是重点照明，增加展示亮度
主通路	沿着主通路设置	模特群组合形式较多	1. 采用相邻区域的主推货品； 2. 注意模特着装的色彩组合规律，最多不得超过 3 个主体色； 3. 讲究商品的系列感及搭配； 4. 采用重点照明
系列商品陈列区域	出现在同一系列或同一主题商品的展示区域内	通常采用 1 或 2 个模特展示形式	1. 采用同一系列或同一主题的主推货品，男装可按场合着装来选择出样产品，女装可按色系来选择出样产品； 2. 讲究色彩搭配与风格搭配，注意配饰品的重要性； 3. 采用重点照明
店铺死角	1. 柱子； 2. 橱窗后面； 3. 墙面与墙面的直角交接处； 4. 休息区旁边； 5. 收银台旁边； 6. 试衣间外面	1. 模特展示； 2. 正挂展示； 3. 模特与道具的组合展示； 4. 壁面展示手法（对于目前陈列市场来说，不易执行）	1. 注意色彩搭配； 2. 讲究陈列结构； 3. 技法要求细腻； 4. 选择相邻系列或主题的商品
货架 1800 mm 以上的层板	通常有 600 mm 或 1200 mm 的规格	1. 半身模特较多，休闲品牌也可采用全身模特； 2. 借助小道具的配饰品组合陈列； 3. 可以采用 POP 海报	1. 通常采用 1 或 2 个模特的组合陈列； 2. 注意鞋架、包架、帽架等小道具应用； 3. 主要是配饰品的三角形组合结构

（一）磁石点理论

磁石点是指卖场中最能吸引顾客注意力的位置，通过配置合适的产品，并采用最佳的陈列手法，最大限度地吸引顾客进入卖场，并引导他们逛遍整个卖场（死角比例不应超过 1%），以提高顾客的冲动性购买比例（冲动购买占 60% 至 70%），从而促进销售。

扫码学习
服装卖场商品配置规划

（二）磁石点设置

1. 第一磁石点：主力产品

第一磁石点位于店铺入口附近，是消费者必经的区域，同时也是产品销售重要区域。它包括店铺的门脸、橱窗、入口处等部分（图 3–39）。

2. 第二磁石点：观感强的产品

第二磁石点位于通道的末端，通常位于卖场的最里面（图 3–40）。第二磁石点的产品承担着引导消费者深入卖场的任务，在此应配置以下商品。

（1）最新款的商品。消费者总是不断追求新奇的事物。十年如一日的产品，即使品质再好、价格再低廉，也难以吸引消费者的目光。将新品置于第二磁石点的位置，定会吸引消费者步入卖场的最深处。

（2）季节性商品。季节性商品具有传递换季信息、展示品牌新品，引导消费趋势的作用。卖场可以借助季节变换进行布置，以吸引消费者的目光。

（3）明亮、华丽的产品。明亮、华丽的产品通常也是流行、时尚的代表。因为第二磁

图 3–39　第一磁石点

图 3–40　第二磁石点

图 3-41　第三磁石点

图 3-42　第四磁石点

图 3-43　第五磁石点

图 3-44　店铺磁石点设置

石点的位置相对较为昏暗，所以配置此类产品可以提亮整个区域。

3. 第三磁石点：端架产品

端架通常位于出口或主通道货架的端头，作为第三个磁石商品区域，其基本作用是刺激消费者并留住他们。通常，可以在此配置特价商品、高利润产品、季节性商品、购买频率高的商品以及促销商品等（图 3-41）。在陈列时，应使用 POP 海报进行特别提醒。由于季节性产品具有丰富的变化，卖场可以利用季节更迭进行布置，以吸引消费者的注意，或选择明亮、华丽的商品进行展示。明亮、华丽的商品往往也是流行和时尚的代表。鉴于第三磁石点的位置通常光线较暗，因此，配置华丽商品可以提升该区域的亮度。

4. 第四磁石点：单项产品

第四磁石点指卖场副通道的两侧，主要是引起消费者对陈列线中间区域的注意。这个位置的配置，不能以产品群来规划，而必须以单品的方式，对消费者表达强烈诉求。可配置的产品有热门产品、特意大量陈列的产品和广告宣传产品（图 3-42）。

5. 第五磁石点：卖场堆头

位于工作台（收银区）前方的中间区域，可用于根据不同节日组织大型展销活动（图 3–43）。

卖场陈列的布局与动线设计极具灵活性，陈列设计师需深入剖析多项关键要素，包括卖场的面积、形状、目标顾客的购物习惯与心态、视觉规律，以及产品的定位和组合等，以此为依据精心规划卖场的货架布局与顾客行走动线。其中，“磁石点”策略的运用尤为重要，它通过在整个卖场内巧妙地创造视觉焦点，引导顾客有序游览，旨在有效提升顾客的购买率。（图 3–44）。

课后练习

一、填空题

1. 店内空间由 __________、__________、__________ 三部分组成。

2. __________ 往往是商品展示空间和选购空间并存的，商品展示空间是选购空间的“展示窗口”，有时也会把它叫作 __________。

3. 复合陈列是 __________ 和 __________ 混合的方法。

4. __________ 的陈列最容易被视觉感知，对于消费者而言，最容易看到和摸到服装的高度叫陈列的 __________，这个黄金位置一般距地面 __________。

5. 卖场销售区分为 ______________ 区。A 区为 __________，是顾客关注度最高的区域。

6. ________ 是指卖场中最能吸引顾客注意力的位置，通过配置合适的商品可以促进销售，并且引导顾客逛遍整个卖场（死角比例不应超过 1%），________（冲动购买占 60% 至 70%）。

二、选择题

1. 卖场产品陈列布局的目的是（　　）。

A 最大限度地将销售的产品展现给顾客

B 合理安排产品结构

C 合理设计动线，方便顾客选购及提高服务销售人员工作效率

D 塑造舒适的购物环境

2.（　　）是品牌形象的第一道窗口。

A 出入口

B 橱窗

C 店外空间

D 店铺招牌

3. 卖场设计的基本原则是（　　）。

A 方便进入

B 方便购物

C 可自由比较商品

D 可自由选择商品

4.（　　）是难以摸到的位置，但却是从远处容易识别的位置，是陈列展品的有效空间，可以称为展示空间。

A 180 cm 以上

B 140 ~ 180 cm

C 125 ~ 140 cm

D 85 ~ 125 cm

5. 动线包括（　　），其中，顾客动线是指顾客在商店内移动的路线，顾客动线越完整、越连贯，能使顾客走遍全场越好。

A 顾客动线

B 店员动线

C 后勤动线

D 磁石点动线

三、思考题

有些店铺格局呈现狭长型。请问根据磁石点理论，谈谈在店铺深处，应该如何陈列服装产品？

推荐书目

Recommend

《卓越陈列师实战丛书——陈列规划》

林光涛、李鑫著的《卓越陈列师实战丛书——陈列规划》，2015 年 6 月由化学工业出版社出版。该书以陈列规划的空间、时间、商品、表达方式（陈列手法）、顾客五个关键因素展开，通过绘制大量可操作性极强的实用的工具图表，直观展示有代表性的品牌分布在世界各地的店铺照片进行举例与说明，图文并茂地对每一个因素进行了分析与总结，进一步明确了陈列规划实际工作的核心内容和关键点。最后一章以操作性极强的 12 个月的陈列规划实例对全书内容进行了系统归纳呈现。该书对如何通过陈列规划来推动品牌的商品经营绩效、大幅度地提升店铺的零售额和利润有很好的指导意义。

《服饰卖场陈列实景模拟训练手册》

韩阳著的《服饰卖场陈列实景模拟训练手册》，2014年5月由化学工业出版社出版。该书为服饰陈列实训图书，采用直观的模拟手法，将服饰品牌卖场、服装产品、卖场道具等按实际比例进行微缩，读者可以按图书使用说明进行模拟卖场陈列的实景模拟演练。全书在服装色彩、造型及类别的设置上，综合考虑了实际卖场情况，能够让读者进行不同服装之间、不同服装和陈列道具之间的灵活组合搭配，可以适合服饰陈列工作者不同难度的练习。该书在进行模拟服饰陈列训练时，操作简便，避免了真实服装道具笨重、携带不便的情况，能让读者在短时间内迅速掌握服饰卖场陈列的知识点，高效提升读者对卖场的空间规划、产品规划、色彩规划、造型规划的协调性和把控能力。

4 项目四 卖场陈列氛围营造

项目引言

有研究表明，原本无意购物的顾客中，有 53% 因受店铺氛围影响而作出了购买决定，且这一比例呈现持续上升的趋势。

因此，打造符合目标消费者喜好、具有独特氛围和情调的陈列空间，不仅能够有效吸引消费者的目光，让他们深入体验品牌的魅力和内涵，而且能够在一定程度上推动商品销售量的增长和销售额的提高（图 4–1、图 4–2）。

本项目的知识目标包括了解卖场灯光照明、道具选用和 POP 等元素的配置方法及其基本原则。技能目标是根据品牌风格和定位，掌握并实践合理的灯光布局、道具与海报创意选配。素质目标是树立品牌理念，并培养服务品牌的意识。

基于以上的项目要求，完成的主要任务如下。

任务六：

根据给定的任务，选配系列道具。

图 4–1 韩国 ZIOZIA 运用线性灯光装饰卖场外立面，强调了品牌的简单、时髦和别具一格

图 4–2 暖色灯光、木质家具以及毛衣，在飒爽的秋季可让人感受到温暖舒适

〉项目实施

任务六：

根据给定的任务，选配系列道具。

1. 任务目标

理解系列道具选配的基本原则，提升学生在风格把握、材质运用以及道具搭配方面的综合能力。

2. 任务六学时安排（表 4–1）

表 4–1　任务六学时安排

序号	技能内容与要求	参考学时	
		理论	实践
1	任务导入分析	1	—
2	道具相关信息采集与整合	—	1
3	系列道具选配	—	2
合计	—	1	3

3. 基本任务程序和考核要求

（1）分组安排：每组 3 ~ 4 人。

（2）任务分析：对已获得的校企合作项目或教师自拟任务进行分解，通过调研和资料搜集，深入理解品牌的历史、理念、风格以及陈列产品的特性等关键信息，确保准确把握任务要求。

（3）道具信息采集与整合：了解道具流行趋势、合作品牌历次道具设计方案。调研总结内容详实，搜集的资料和信息真实有效，对道具方案的选配有一定的参考价值。

（4）系列道具选配：基于任务分析和服装道具市场调研，确立道具配置主题。选配风格应与品牌风格相统一，主题道具应与产品风格相匹配，方案需保证色彩协调、造型独特、系列感强烈，展示效果优良，主题鲜明，且具有创新性。

（5）任务综合评价和总结。

〉项目达标记录

〉项目总结

学习资料索引

知识点一：灯光照明

灯光犹如货架陈列一般，是卖场不可或缺的一部分，尤其在大型旗舰店中，更是扮演着举足轻重的角色。阿马尼、古驰、高田贤三、雨果博斯等国际知名品牌的设计师在灯光设计方面下足了功夫，他们巧妙地运用大量富有戏剧性的灯光设计，营造出令人难以置信的卖场氛围。

优质的灯光照明能提升商品的色彩和品质感，营造卖场的氛围，改变空间的视觉效果及设计风格，进而吸引消费者的注意力。然而，不论采用何种戏剧化的设计手法，灯光的设计都是以掌握光学知识和照明知识为前提的。

一、光学术语

光是能量的一种存在形式，当光在一种介质中传播时，它的传播路径是直线，故而称为光线。光以电磁波的形式进行传播，光作用于人的肉眼时能够引起人的视觉。可见光的波长范围约为 380 ～ 780nm。不同波长的可见光会引起人的不同色觉，将可见光展开，依次呈现紫、蓝、青、绿、黄、橙、红。

与陈列相关的光学术语主要有：

光亮度：指光源或被照射物体表面单位面积上的发光强度。它是一个表示光的视觉强度的物理量，与光的强度有关光亮度可以称光强度，符号为 L，单位为烛光（也称坎德拉，符号为 cd）。

光通量：符号为 ϕ，是指光源发出的可见光总量。光通量衡量的是光源射向各个方向的光辐射能量中人眼所感觉到的部分。光通量的单位为流明（符号为 lm）。

照度：指被照面上单位面积接受光通量，符号为 E。光照度的单位为勒克斯（符号为 lx）。1 勒克斯是指在一平方面积上均匀分布着 1 流明的光通量而达到的照度。

眩光：指在时间与空间上不适当的亮度分布、亮度范围和极端对比等，降低了视知觉的能力，产生视物不清和刺激晃眼，甚至引起心理不适的现象。

光幕反射：指有光泽展品，因光照后表层面相互反射，产生失真的雾状现象。

镜像反射：指因光照在类如玻璃等光泽平滑的面上，映现观者与周围环境的影像。若展品亮度与环境亮度之比为 3 ∶ 1，此种反射可以消除。

发光的数值：指单位面积上发光的光通量，符号为 H，单位为 lm/m^2，$H=F/S$（发光数值 = 光通量 / 发光面积）。

发光效率：又称“光效”，指在一定的电输入容量下，光源可发出的光通量数值。这一数值表明了光源将电能转化为光能的能力。发光效率的计算单位为流明 / 瓦（lm/W）。

光色气氛：人们之所以可以感觉出物体的颜色，是因为该物体吸收了其他波长的光，而只反射出它固有颜色光波的缘故。人造光源因材质与使用技术不同，会产生各异的光色效果，而光源的色温是影响光色效果的重要因素之一。展示气氛与光源色温密不可分，一般色温低的光源偏暖色，产生温馨、热情、向上的感觉。色温渐渐升高，光源也由暖渐渐变冷，产生凉爽、轻快的感觉。运用这种色温和光色的变化规律和冷暖象征，可以营造各种商业展示所需要的气氛。

二、光源种类

凡是能够发出一定波长范围电磁波的物体，可称为光源。光源包括自然光源、人造光源以及两种光源的混合。

（一）自然光源

在自然界中，白天的主要光源是阳光，而夜晚则能看到来自月亮的光线。由于太阳位置的变化和观察者位置的不同，白天光的强度和色彩也会有所差异。因此，卖场在选择光源时，会根据自然光的变化进行相应的调整。在条件允许的情况下，卖场白天应优先使用自然光照明，这不仅能降低成本，还能确保商品在自然光下呈现真实色彩，避免灯光对商品颜色的扭曲。此外，在现代化的大都市中，人们对自然光的偏好已超过了对人造光源的喜爱。

（二）人造光源

现代展示光效设计中应用的光源绝大多数是人工电光源。根据发光原理的不同，常用照明电光源可以被分为热辐射光源、气体放电光源和半导体光源。热辐射光源包括白炽灯、卤素灯和红外线灯。气体放电光源分为低气压放电光源和高气压放电光源两种，低气压放电光源主要包括各种荧光灯和低压汞灯，高气压放电光源主要包括高压汞灯、金属卤素灯和高压钠灯。具体特征和使用参见表 4-2。发光二极管是继白炽灯之后，随着照明技术发展而产生的新型灯源，简称 LED，它是通过半导体二极管，利用场致发光原理将电能直接转变成可见光的新型光源。场致发光指某种适当物质与电场相互作用而发光的现象。发光二极管作为新型的半导体光源与传统光源相比具有以下优点：寿命长，发光时长可达十万小时；启动时间短，响应时间仅有几十纳秒；结构牢固，作为一种实心全固体结构，能够经受较强的振荡和冲击；发光效能高，能耗小，是一种节能光源；发光体接近点光源，光源辐射

表 4-2　各种可用灯相关灯具的介绍和最佳方法

灯名	种类	显色性	亮度	发光效率（lm/W）	启动再启动时间	频闪	控制配光	耐振性	色温 /K	特征	主要用途
白炽灯	普通（扩散型）	优	高	10～15 低	瞬时	无	容易	较差	2800	一般用途，易于使用，适用于表现光泽和阴影，暖光色适用于气氛照明	住宅 、商店的一般照明
	透明型	优	非常高	10～15 低	—	—	非常容易	—	—	闪耀效果好，光泽和阴影的表现良好；暖光色，气氛照明用	花吊灯，有光泽陈列品的照明
	球型（扩散型）	优	高	10～15 低	—	—	稍难	—	—	照明的效果好，看上去具有辉煌温暖的气氛效果	住宅、商店的吸引效果
	反射型	优	非常高	10～15 低	瞬时	无	非常容易	—	—	控制配光非常好，点光 、色泽、阴影和材质感表现力非常大	显示灯、商店、气氛照明
卤素灯	一般照明用（直管）	优	非常高	约 20 低、稍良	瞬时	无	非常容易	差	3200	形状小，大功率，易于控制配光	适用于投光灯，作为体育馆的体育照明灯
	微型钨灯	优	非常高	10～15 低、稍良	较短	有	非常容易	差	3200	形状小，易于控制配光，常用150～500W，光通量也适当	适用于下射光和点光等的店铺效果
荧光灯	—	从一般到高显色性	稍低	30～90 高	长	有	非常困难	较好	6500（日色光）	效率高，显色性也好，露出的亮度低，眩光较小，可得到扩散光，故难于产生物体的阴影；可做成各种光色和显色性的灯具，灯的尺寸大，因此灯具大，不能做大功率的灯	适用于一般房间、办公室、商店等的一般照明
汞灯	透明型	不好（蓝色）	非常高	35～55 高	长	有	容易	好	6000	显色性不好，易控制配光，形状小，可得大光通亮	用投光器的重点照明（最好同其他暖色系的光源混色）
	荧光型	稍差	高	40～60 高	长	有	稍易	好	6000	涂红色荧光粉，可使颜色稍微变好	工厂、体育馆、室外照明以及刀具照明等
	荧光型（蓝色改进型）	稍好（实用上足够）	高	40～60 高	长	有	稍易	好	6000	涂以蓝绿色荧光粉能得到一般室内照明足够用的显色性，功率种类多	银行、大厅、商店、商业街等，大功率用于高顶棚，小功率用于低顶棚
金属卤素灯	透明型	好	非常高	70～90 比汞灯高	长	有	非常容易	较好	6000	控制配光非常容易，大体同荧光型的光色相同	体育场、广场投光照明
	扩散型	好	高	70～90 比汞灯高	长	有	稍易	较好	6000	在显色性好的灯中效率最大，与某些色有差别	体育设施、高顶棚的商店
高压钠灯	透明型	—	非常高	90～125 非常高	长	有	容易	较好	6000	在普通照明所使用的灯源中拥有最大的效率，较为节能	高顶棚的工厂照明、刀具照明
	扩散型	—	高	90-125 非常高	—	—	稍易	较好	6000	在普通照明所使用的光源中拥有最大的效率，较为节能	—

图 4-3　固定吊灯

图 4-4　轨道射灯在珠宝橱窗的运用

图 4-5　固定壁灯

图 4-6　非固定轨道射灯

图 4-7　可调度镶嵌灯和固定槽灯在 LV 橱窗的运用

模型简单，有利于灯具设计；发光的方向性很强，不需要使用反射器控制光线的照射方向，可以做成薄灯具，适用于没有太多安装空间的场合。随着新材料和制作工艺的进步，发光二极管的性能正在大幅度提高，应用范围越来越广。

人造光源的灯具按照安装形式不同，可划分为固定型和非固定型两大类。固定型灯具通过螺丝固定于安装表面，一旦安装便不易拆卸，是空间照明的主要选择。相反，非固定型灯具则通过插座、挂钩或照明导轨等方式安装，便于移动和装卸。这种灵活性使得非固定型灯具特别适合用于需要调整和变化的展示区域和橱窗。

人造光源灯具主要包括：镶嵌式灯、射灯、吊灯、台灯、壁灯等（图 4-3 ～图 4-7）。

（三）自然光源和人造光源的混合

目前，许多商业空间采用天窗设计，以及许多临街的店铺安装了大窗户，以充分利用自然光带来的温暖和美观。然而，这也带来了如何平衡自然光源与人造光源的问题。

平衡室内亮度及光的分布有两个办法：

第一，人工光可以与自然光同方向，指向房间内部（非对称分布）。这种方法的优点是观察者顺自然采光方向观察房间时，可看到布光均匀的明亮区域，但是如果往窗户方向看，就会产生剪影现象。

第二，人工光与自然采光同方向和反方向指向房间（对称分布）。这种方法有两方面好处：一是为所有的观看方向提供较好的观看条件；二是所有的灯具都可以和夜间照明的灯具有同样对称的光分布效果。

图 4-8　正面光运用

三、卖场照明具体方式

（一）光线照射方式

1. 正面光

光线来自服装的正前方。被正面光照射的服装有明亮的感觉，能完整地展示整件服装的色彩和细节。但立体感和质感较差，一般用于卖场中货架的照明（图 4-8）。

扫码学习
陈列灯光的目的与选择

图 4-9　斜侧光运用

2. 斜侧光

指灯光和被照射物呈 45° 的光位，灯光通常从左前侧或右前侧斜向的方位对被照射物进行照射，这是橱窗陈列中最常用的光位。斜侧光照射使模特和服装层次分明、立体感强（图 4-9）。

3. 侧光

又称 90° 侧光，灯光从被照射物的侧面进行照射，使被照射物明暗对比强烈。其一般不单独使用，只作为辅助用光。

图 4-10　顶光的运用

4. 顶光

光线来自模特的顶部，会使模特脸部和上下装产生浓重的阴影，一般要避免。在试衣区，顾客的头顶也一定要避免采用顶光（图 4-10）。在实际运用中，正面光和斜侧光更常被使用。

5. 逆光

是摄影艺术中一种很有效的光线，在商品陈列中极少用到。它主要用于显现有魅力的轮廓，故又称为“轮廓光”。

（二）照明形式

1. 直接照明

光线通过灯具射出，其中 90% ～ 100% 的光通量到达假定的工作面上，这种照明方式为直接照明。直接照明具有强烈的明暗对比，并能形成有趣生动的光影效果，可突出工作面在整个环境中的主导地位，但是由于亮度较高，应防止眩光的产生。

2. 半直接照明

半直接照明方式是半透明材料制成的灯罩罩住光源上部，60% ～ 90% 以上的光线使之集中射向工作面，10% ～ 40% 被罩光线又经半透明灯罩扩散而向上漫射，其光线比较柔和。这种灯具常用于较低的卖场的一般照明。由于漫射光线能照亮平顶，使房间顶部高度增加，因而能产生较高的空间感。

3. 间接照明

将光源遮蔽而产生的间接照明方式，其中 90% ～ 100% 的光通量通过天棚或墙面反射作用于工作面，10% 以下的光线则直接照射工作面。通常有两种处理方法，一是将不透明的灯罩装在灯泡的下部，光线射向平顶或其他物体上反射成间接光线；一种是把灯泡设在灯槽内，光线从平顶反射到室内形成间接光线。这种照明方式单独使用时，需注意不透明灯罩下部的浓重阴影。通常和其他照明方式配合使用，才能取得特殊的艺术效果。一般作为环境照明使用或提高背景亮度使用。

4. 半间接照明

半间接照明方式，恰和半直接照明相反，把半透明的灯罩装在光源下部，60% 以上的光线射向平顶，形成间接光源，10% ～ 40% 部分光线经灯罩向下扩散。这种方式能产生比较特殊的照明效果，使较低矮的房间有增高的感觉，也适用于住宅中的小空间部分，如门厅、过道、服饰店等，通常在学习的环境中采用这种照明方式（图 4–11）。

5. 漫射照明方式

漫射照明方式是利用灯具的折射功能来控制眩光，将光线向四周扩散、漫散。这种照明大体上有两种形式，一种是光线从灯罩上口射出经平顶反射，两侧从半透明灯罩扩散，下部从格栅扩散。另一种是用半透明灯罩把光线全部封闭而产生漫射。这类照明光线性能柔和，视觉舒适，适用于卧室（图 4–12）。

不同照明方式的光源表现如图 4–13 所示。

图 4-11　半间接照明方式

图 4-12　漫射照明方式

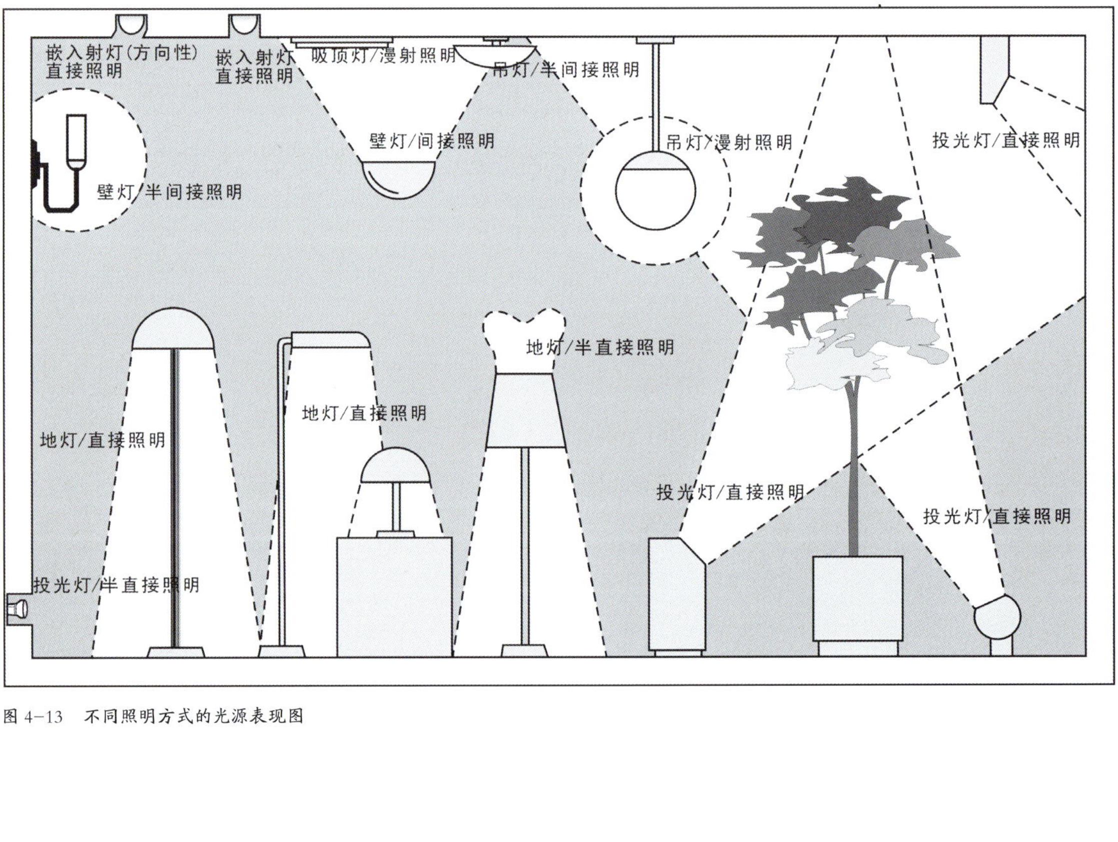

图 4-13　不同照明方式的光源表现图

图 4-14　基础照明

图 4-15　男装展厅的重点照明

图 4-16　装饰照明

（三）灯光配置

商业空间的灯光配置一般分为三类：基础照明、重点照明及装饰照明，这一分类在服饰商品的零售空间中同样适用。

1. 基础照明

基础照明也叫环境光照明，就是为环境提供基本的光照度。此类灯具一般安装在上方（天花板或顶部框架结构上），提供范围较大的照明。基础照明可以使人在特定环境中进行正常活动，如在服装卖场，基础照明提供的照明光线应该可以保证顾客顺利地行走和清楚地观赏、选择服装商品（图 4–14）。

2. 重点照明

重点照明就是将光线以一定角度集中投射到某些区域或商品上，达到突出商品、吸引顾客注意力的目的。比如在橱窗的照明设计中，通过重点照明，可强调服饰产品的外观、功能、面料特点，还可以突出服饰产品的造型和质感等（图 4–15）。

3. 装饰照明

装饰照明也称气氛照明，主要是通过一些色彩和动感上的变化，以及智能照明控制系统等，在卖场的局部环境营造一些特殊的灯光气氛，完善购物环境，吸引顾客，促进销售。装饰照明通常不照亮陈列的物品，而是对陈列物品的背景、卖场的地面、墙面等做一些特殊的灯光处理（图 4–16）。

（四）卖场分区域照明

1. 外部照明

这里的外部照明主要是指人工光源的使用与色彩的搭配。它不仅可以照亮店门和店前环境，而且能够渲染商店气氛，烘托环境，增加卖场门面的美感（图 4–17、图 4–18）。

（1）橱窗照明。橱窗照明不仅要美观，还需满足商品的视觉展示需求。橱窗内的亮度应比卖场高 2 至 4 倍，但应避免使用过强的光线，以及灯色间的对比度过大。光线的移动、变换和闪烁不应过快或过于激烈，以防消费者感到眼花缭乱，造成不适的强刺激感。为适应模特陈列频繁变化，橱窗通常采用可以调节方向和距离的轨道射灯（图 4–19、图 4–20）。为避免眩光并营造橱窗效果，灯具一般被隐藏在橱窗之中。传统的橱窗灯具多安装在顶部，但由于照射角度比较单一，一些国际品牌开始在橱窗的一侧或两侧，甚至在地面上安装灯光，以创造柔和且富有情调的氛围，突出商品的特色，并尽可能在反映商品原貌的基础上，给人以良好的心理体验（图 4–21）。

（2）招牌照明。招牌的明亮和醒目，通常是通过霓虹灯的装饰或小型泛光灯来实现的。

图 4–17、图 4–18　卖场采用内置灯整体照明，而杰尼亚卖场采用线形装饰照明

图 4–19　橱窗照明（1）

图 4–20　橱窗照明（2）

霓虹灯不仅照亮招牌，增加卖场在夜间的可见度，还能营造热闹和欢快的气氛；而泛光照明则能使整个招牌达到亮而醒目的效果（图 4–22）。

2. 卖场内部照明

当顾客被橱窗所吸引时，他们可能会考虑进店浏览，因此，入口的灯光设计显得尤为重要，对照明设计的要求也相当高。明亮而吸引人的入口处照明，往往能促使顾客进店（图 4–23）。

（1）货架照明。对于平面性较强、层次较丰富、细节较多的展品，应减少投影或弱化阴影，以清晰展示各个部位。为此，可采用方向性不明显的漫射照明或交叉照明，以消除阴影造成的干扰。对于需要突出立体感的服装，则可通过侧光组合照射来实现。货架的照明灯具应具备良好的显色性，中、高档服装专卖店宜采用重点照明，如使用射灯或在货架中安装嵌入式或悬挂式直管荧光灯具，以实现局部照明效果（图 4–24、图 4–25）。

（2）试衣照明。试衣区的灯光设置常被忽视，由于试衣区与卖场之间没有明确的分界，其灯光往往被并入卖场的基础照明。这导致试衣区的镜子前的灯光往往亮度不足，影响顾客

图 4–21　橱窗照明（3）

图 4–23　一家外贸小店醒目的 LOGO 及明亮的入口处灯光设计

图 4–22　招牌照明

图 4-24　货架不均匀布光带来的层次感

图 4-25　货架照明

的购物体验。因此，重视试衣区的灯光设计至关重要。试衣区的灯光有如下要求：良好的色彩还原性，以便顾客观察服装的色彩效果；适当采用色温较低的光源，使色彩略带红色，以衬托顾客的肤色；未设置试衣镜的试衣室灯光可以较为柔和，营造温馨氛围；试衣镜前的灯光应避免眩光。

四、灯光照明设计原则

对展示照明设计来说，需重点考虑以下几个方面：

扫码学习
灯光的配置与氛围营造

（一）灯光对展示产品的保护

光分为可见光与不可见光，是一种辐射能量。不可见光中的红外光与紫外光的辐射是造成展示产品温度升高和褪色的主要元凶。荧光灯、卤钨灯和高强度气体放电灯（金卤灯）都会不同程度地产生紫外线辐射。若未采取控制措施而在服饰卖场使用，长时间暴露在这些辐射下，商品可能会出现褪色现象。

紫外辐射的强度在一定程度上取决于所选灯具和光源的类型。这是因为灯管或反射罩的材料及其工艺处理直接影响紫外辐射的量。紫外线特别容易透过石英材料，但现已开发出一种特殊合成石英材料（例如陶瓷金卤灯），它能有效抑制紫外线辐射。

（二）照度、亮度、眩光等数值

通常，为了突出某个展示物品，需要为其设置重点照明，以照度大小来凸显其重要性。然而除了照度，还需要考虑主观亮度，即顾客所感知的亮度，这可能与物品的材料和背景环境亮度有关。主观亮度对比通常低于客观照度对比。值得注意的是，追求过高的重点照明亮度不等于有效照明，反而可能导致视觉疲劳，因此，需避免使用高强度照明。理想的照明可以通过降低普通照明而非提高重点照明来实现。例如，许多高级的服装店通过降低普通照明达到重点照明的效果，同时营造出柔和且层次分明的店铺氛围。而在大众化卖场，因其普通照度值过高，难以形成戏剧化的照明效果。

（三）显色性和色表

当需要准确显示物体的真实颜色时，发光体的光谱分布至关重要。许多设计师喜欢在同一空间采用多种不同类型的光源，但实际上，在大多数情况下，我们都应该注重光源颜色性能特点的互相补充。如对颜色一致性要求较高，则应避免混合使用不同光源。

尽管不同服装卖场的室内环境可能迥异，但对陈列的物品有共同的要求：就是陈列品一定要容易识别，而且要突出它的优点。因此，设计师必须对柜台、陈列柜、货架、橱窗及墙面摆设的局部照明技术加以仔细考虑，通常，局部照明会与一般照明结合使用，共同塑造卖场氛围。此外，检测销售区和陈列区的一般照明技术是必要的。任何服装产品都应清晰展现其原本的特征，以便人们能迅速识别其形状、颜色、材料和质感。对于服饰品来说，最能影响其展示效果的是灯光漫射的方向和程度，而不是灯光数量的多少。

（四）灯光的冷暖性

在卖场的整体灯光设计中，最重要的是考虑灯光的冷暖心理效应。考虑到温度和季节的变化，在炎热的夏季，顾客更倾向于选择冷色调以寻求清凉感。而在寒冷的冬季，顾客则偏好暖色调，以获得温暖的感觉。

（五）灯泡控制方面

需要频繁开启的，宜选用白炽灯；需要调光的，宜选用白炽灯和卤素灯，若配备调光镇流器，也可以考虑使用荧光灯和节能灯；需要瞬时点亮的，不宜选用启动和再启动时间都较长的高压气体放电灯，例如金属卤素灯。

（六）初始投资和运行费用

运行费用包括年耗电量、灯泡消耗量、照明装置的维护费用等。通常情况下，运行费用会超过初始投资。选择发光效能高、使用寿命长的光源可以减少灯泡消耗、降低维护费用，有非常实际的经济意义。

（七）灯光对人情绪的影响

光线与空间环境的协调配合对人的心情和情绪产生显著影响，这一原理已被广泛应用于服装店铺的设计中。例如，灯光能够塑造店铺的独特个性与氛围，加深品牌印象；通过调整照明角度，可以有效地引导顾客流向特定区域并突出展示特定商品。更重要的是，灯光的巧妙运用不仅能营造舒适的购物环境，还能创造独特的陈列展示效果，使顾客感到安心并激发其购买欲望，从而最大化销售成果。因此，陈列师在卖场规划过程中应充分考虑这一关键因素。

五、灯光的维护

在商业空间设计的领域，灯光的设计与运用已从环境照明的基本功能，发展为复合的美学层面，同时商业文化为其赋予了众多附加价值。灯光的维护是保持卖场形象的关键环节，其重要性不亚于灯光设计本身。

（1）在布置橱窗前，务必确保所有灯具保持清洁并且处于可用状态。

（2）调整照明时，需仔细确认光束是否聚焦到目标产品上，一个简便的检验方法是，在灯具前挥手，观察手部的投影位置，以确认光束的聚焦点。

（3）应选择使用光束宽度符合展示需求的灯具。

（4）在备货灯具时，需预留一定的余量，以应对可能出现的突发情况或替换需求。

（5）由于白天和夜晚的照明条件存在差异，因此需要分别检查橱窗在两种不同光线条件下的照明效果。

（6）必须确保光束正确投射至橱窗内部，避免光线外泄。若光束错误地投向橱窗外部，可能会造成潜在消费者的忽视，影响展示效果。

知识点二：道具设计

扫码学习
陈列道具
选配思路

扫码学习
陈列道具
概念及分类

扫码学习
陈列道具
设计原则

道具根据其具体的功能分为展示道具和装饰道具，是支撑、美化陈列品的重要用具或器物。

展示道具主要指用于服装折叠、悬挂和展示的支架，如展柜、展架、龙门架、风车架和陈列桌等；装饰道具则专门用于增强陈列氛围和凸显主题，例如花卉、器皿、画框和酒杯等。道具的选择旨在吸引顾客注意力，延长顾客在陈列空间的逗留时间。尽管它们在陈列设计中扮演辅助角色，但恰当的道具装饰能够显著提升陈列效果，达到事半功倍的效果（图 4–26、图 4–27）。

道具设计应围绕产品风格进行，遵循综合设计、全面展开、重点突出、协调一致的原则。不同类型的服饰卖场应采用与之相匹配的道具风格，以彰显个性。道具门类繁多、不拘一格，事实上任何具有装饰性的物品都可以成为陈列道具，关键在于如何恰当运用以发挥其效果（图 4–28）。而提包、手包、丝巾、眼镜等服饰品，它们既有实用功能，还具有装饰作用，常作为品牌销售终端的重要陈列道具。这些道具的类型、品种和组合方式多样，风格各异。

它们不仅为消费者提供了穿搭的灵感，展示了如何体现品位和个性，而且在提升展示效果方面，能够起到画龙点睛的作用。在选择陈列道具时，应考虑其功能、形态、材质、色彩，以及文化性、艺术性、趣味性等因素是否与品牌和服装相契合（图4–29、图4–30）。

扫码学习
陈列道具
装置形态

图 4–26　橱窗中陈列的摩托车，强化了此品牌女装独立、性感，又略带反叛的品牌风格

图 4–27　在节日期间，可以利用相关的道具来进行店面装饰，从而烘托节日气氛。比如在圣诞节期间使用麋鹿造型、圣诞结挂饰、圣诞树，悬挂圣诞礼盒，装饰彩灯等，或者让店员穿上圣诞老人的服装

图 4–28　童装店的道具选择应该体现儿童的心理特征。H&M 把儿童床搬进橱窗，再现儿童生活场景

图 4–30　服饰品道具设计应用

图 4–29　成年人的服饰店应该以目标顾客的文化品位、审美取向为依据选择道具

扫码学习
常用道具材料介绍（一）

扫码学习
常用道具材料介绍（二）

扫码学习
常用道具材料介绍（三）

材质是道具的物质载体，不同的材质具有各自不同的特性规律和性格表情，不同材质间的组合也各具特色。设计师对道具材质的驾驭能力，充分体现了其设计素养和设计水平。在实际应用材质时，我们主要关注材质的质感、肌理、光泽以及由其形成的轻与重、软与硬、粗与滑、曲与直等视觉效果；而为了突出服装卖点，可以采用服装与道具材质之间的视觉对比效果进行组合设计，例如软硬对比、粗细对比、明暗对比等（图4–31～图4–34）。

随着新工艺、新观念、新技术、新材料的不断出现以及服装时尚的变迁与市场的繁荣，陈列技术的发展日新月异。道具开发也在不断变化、不断创新，这是陈列技术发展的真实写照。道具研发涉及许多因素，在运用、组合这些道具开发技术时，需要与经济、可复制性等方面相互协调、统一，并不断探讨和

图 4–31　散发珍珠光泽的珠针道具与优雅的高级时装陈列组合

图 4–32　金属色泽的剪刀布满整个人台，彰显杰尼亚西装无与伦比的裁剪以及极高的制作品质

图 4–33　用季节性的植物作为陈列道具，强化了橱窗的季节主题

图 4–34　道具包在橱窗中的应用

总结。只有这样，才能发挥陈列展示技术的作用，提高陈列效率，达到应有的效果。

知识点三：POP 设计

一、POP 概念

POP是英文“Point of Purchase”的缩写，意为“卖点广告”，其主要商业用途是形成卖场气势，实现心理暗示、招揽顾客、促销商品以及提高商品形象和企业知名度的作用。POP具有很高的经济价值，而且其成本也不高。因此，它虽起源于超级市场，但同样适合于服装专卖店、百货店等商品销售的场所。

二、POP 分类

（一）柜台 POP

这是陈列于销售柜台的小广告，目的是突出商品，吸引注意，在设计上要注意内容的鼓动性和形式的装饰性，做到视觉元素简练，视觉效果强烈。柜台 POP 一般与商品展示配合使用，也可以与商品促销活动配合使用。属于这类的有货架 POP、柜台标志 POP、陈列架 POP、陈列桌 POP 等（图 4–35、图 4–36）。

（二）吊挂 POP

吊挂 POP 是对商场或商店上部空间及顶界有效利用的一种广告类型。因为吊挂 POP 能利用商场和店铺顶部，还能向下部空间作适当的延伸，且不受障碍物体阻隔，视线良好，对消费者有引导和提示作用，所以在各类 POP 中用量最大、使用效率最高。

吊挂 POP 可用于展示品牌主题或商场的销售主题。制作材料多样，包括各种厚纸、金属、塑料等。这种 POP 设计易于实施，通常采用双面或更多面的

图 4–35　陈列架 POP

图 4–36　陈列桌 POP

造型设计，有利于多方位地展示广告视觉内容和信息传播。

吊挂 POP 的种类繁多，最典型的吊挂 POP 形式包含吊旗式 POP 和吊挂物 POP 两种基本种类。

1. 吊旗式 POP

吊旗式是在商场顶部悬挂的旗帜式的 POP 广告，其特点是以平面的单体向空间作有规律的重复，从而加强广告讯息的传递（图 4–37）。

2. 吊挂物 POP

吊挂物 POP 相对于吊旗来讲，增加了立体感。其特点是以立体的造型来加强产品形象及广告信息的传递（图 4–38）。

（三）地面 POP

地面 POP 可直接放置在地上或通过支架放置在地（图 4–39、图 4–40）。

（四）动态 POP

动态 POP 设有动力装置，能够按照一定规律重复运动，从而充满乐趣和新奇感。目前，在展览会、百货公司等地，多媒体技术已经普及，多媒体音像设备在增强展示效果和促进销售宣传方面发挥着重要作用。多媒体在陈列空间中能够占一席之地，主要归功于其两大优势：

图 4–37　吊旗式 POP

图 4–38　吊挂物 POP

图 4–39　地面 POP（1）

图 4–40　地面 POP（2）

图 4-41　动态 POP

图 4-42　光源 POP（1）

图 4-43　光源 POP（2）

（1）音效、图像、色彩与光影的巧妙组合，共同营造出逼真的震撼效果。尤其是超大型的影视屏幕，更能给人留下深刻难忘的印象。

（2）该媒介承载了更为丰富的信息量。品牌文化、设计师的创意设计以及模特的走秀都能被胶片完整记录，并能够进行多次演示。这种做法不仅经济高效，还能有效吸引消费者，是展现品牌实力的理想手段（图 4–41）。

（五）光源 POP

光源 POP 利用透明材料制作，是具有特殊光效及视觉效果的广告形式（图 4–42、图 4–43）。

上述几种卖场 POP 广告的运用能否成功，关键在于广告面的设计能否简洁鲜明地传达信息，能否塑造优美的形象和感染力。

在塑造服装品牌和感染力上，POP 设计可以从以下三个方面努力：

（1）POP 设计要以卖场与商品的风格特征为基础，充分考虑消费者的需求和购买心理，以求表现最能打动消费者的广告内容。

（2）POP 一般体面较小，容量有限，因此，其造型与画面的设计要具有简练、单纯、视觉效果强烈、阅读方便等特点。

（3）POP 是构成卖场形象的一部分，因此，设计与陈列应从加强总体卖场形象出发，要求与卖场统一而和谐。

知识点四：其他

一、恰当的音乐

音乐在广告理论界的共鸣营销上占据重要地位，因为音乐和可视因素一样，能影响消费者对品牌的感觉。巧妙地运用音乐，能够升华品位、陶冶情操、影响情绪和美化环境，从而更好地促进销售，因此被很多服装品牌所采用。

（一）制造与烘托特定气氛

不同的音乐在不同时间和环境中表现出不同的情绪，进而影响人们的心情，当人们心情愉快时，就有利于导购的推销与消费者的购买决策。例如，在圣诞节期间，卖场里播放充满节日氛围的音乐，就会使顾客购物的心情受到节日气氛的感染，从而享受美好的购物体验。在选用乐曲时，不仅要考虑到乐曲本身的内容、形式以及特点，更要与品牌的风格、理念、定位以及消费者的生活方式、品位相契合，同时兼顾时装的种类和主要顾客对象。例如，时装店可选用流行音乐，职业装店可选用优雅的音乐，童装店可选用欢快活泼的儿童歌曲，而中老年服饰用品店不妨选择舒缓优雅、深厚凝重的音乐。需要注意的是，音乐的选择应避免让顾客把主要注意力集中到欣赏音乐上，同时，音乐也不能干扰顾客与店员之间的沟通交谈。在非客流高峰期，可以选择不播放音乐，以免使店员感到听觉疲劳。

（二）改变空间心理感受

有些卖场高大空荡，但即使顶部进行了装饰，仍然给人以空荡、冷清的感觉；而有些卖场则因为空间狭小，即便在结构与灯光效果设计方面下足了功夫，也仍然让人感到局促。恰当的音乐选择能够有效减弱不良的视觉空间给人们带来的不适感受。

（三）播放慢节奏音乐可以调节顾客情绪，控制其购物节奏，从而促进展示与销售效果

商场内的音乐节奏对商业营业额有很大影响。实验证明，播放慢节奏音乐相比于快节奏音乐，可以增加超过 10% 的营业额。轻柔舒缓的节奏和悠扬悦耳的音乐，可以使顾客心情温和宁静，进而减缓浏览商品的速度，使得他们挑选商品时更加耐心；相反，强烈跳跃的节奏和嘹亮的音响可能会使顾客过度兴奋和急躁，甚至感到烦躁，加快步伐，失去耐心，从而对销售额产生不利影响。

在繁华的街区或者临街门面的店铺，噪声的烦扰在所难免，通过音乐的调节可以在一定程度上掩盖噪声。

二、舒适的空气

每位顾客都期望卖场空气清新、温度适宜，这样在选购商品时，才能保持愉悦的心情。因此，清新的空气、宜人的温度，以及与卖场风格相匹配的香氛，都是卖场终端营销规划中，需要考虑的细节。只有精心处理这些细节，才能展现品牌的魅力，真正吸引顾客，并在顾客心中留下深刻的印象。

课后练习

一、填空题

1. 时间与空间上不适当的亮度分布、亮度范围和极端对比等，降低了视知觉的能力，产生视物不清和刺激的晃眼，引起心理的不适，这种现象称为 ______。

2. 一般色温低的光源偏 ______，产生 ___________ 的感觉。色温渐渐升高，光源也 ___________，产生 ___________ 的感觉。

3. 凡是能够发出一定波长范围电磁波的物体，称为 _________。光源包括 _______、___________ 以及 ___________。

4. ___________ 来自模特的顶部，会使模特脸部和上下装产生浓重的阴影，一般要避免。

5. ___________ 方式是半透明材料制成的灯罩罩住光源上部，___________ 以上的光线使之集中射向工作面，___________ 被罩光线又经半透明灯罩扩散而向上漫射，其光线比较柔和。

6. 道具根据其具体的功能分为 __________ 和 __________，它是 __________ 的重要工具。

二、选择题

1. 光源或被照射物体表面单位面积上的发光强度叫（　　）。

A 光通量　　B 光亮度

C 照度　　D 眩光

2. 将光源遮蔽而产生的（　　）方式，其中 90% ～ 100% 的光通量通过天棚或墙面反射作用于工作面，10% 以下的光线则直接照射工作面。

A 直接照明　　B 半直接照明

C 间接照明　　D 半间接照明

3. 商业空间的灯光配置一般分为三种（　　）。

A 基础照明　　B 重点照明

C 装饰照明　　D 漫射照明

4. 橱窗内的亮度必须比卖场高出（　　）倍。

A 1 ～ 2　　B 2 ～ 4

C 3 ～ 4　　D 10

5. 道具设计是围绕产品的风格来组织的，遵循（　　）的原则。

A 综合设计　　B 全面展开

C 重点突出　　D 协调一致

6.（　　）是在各类 POP 广告中用量最大、使用效率最高的一种 POP 广告。

A 柜台 POP　　B 吊挂 POP

C 橱窗 POP　　D 动态 POP

三、思考题

分析数字技术在服装卖场海报设计中的应用，以及如何提升顾客互动体验。

Recommend

推荐书目

《灯光设计·细部解析——诠释灯光设计在空间中的艺术表现》

深圳视界文化传播有限公司编的《灯光设计·细部解析——诠释灯光设计在空间中的艺术表现》，由湖南人民出版社于 2012 年 10 月出版。该书共分为商业空间、公共空间、酒店餐饮空间、娱乐休闲、展览展示五部分，主要通过解读新根格罗斯购物中心、韩国天安百货公司、安心大药房、心斋桥优衣库等商业公共空间的灯光材料、特色和细节、灯光效果来诠释灯光设计在空间中的艺术表现。

《照明设计终极指南》

株式会社 X–knowledge 编著、马卫星译的《照明设计终极指南》，由华中科技大学出版社于 2015 年 3 月出版。该书通过对不同透光材料的讲解、不同空间的照明手法的分析、特殊照明技巧的展现、完美照明搭配方案等方面的解析，完整系统地阐述了照明设计在空间中的运用，是设计师学习、借鉴成功设计不可或缺的一本照明专业设计案头书。

5 项目五 橱窗设计

项目引言

橱窗是展示品牌形象的重要窗口，也是品牌形象宣传的关键载体之一。橱窗设计融入了造型、色彩、材料、灯光等多种设计元素，营造出优美的购物环境，提升品牌的品位，展现了商家的独具匠心与陈列师的无尽灵感。相关调查结果显示，高达67.2%的人在逛商场时会关注商场橱窗设计和现场展示。这充分证明，橱窗设计和现场展示作为商场环境的一部分，已引起了顾客的广泛注意，并能有效调动顾客的购买欲望与兴趣。

本项目知识目标是了解橱窗的分类、设计原则以及主题提炼和创意设计方法。能力目标是能根据要求完成橱窗设计。素质目标是养成自觉整合信息资讯，并合理运用的习惯；提高艺术审美，在学习实践中坚守初心，重视传承，敢于创新。

根据这些要求，需要完成的任务如下。

任务七：

根据命题要求运用虚拟仿真软件完成橱窗设计。

项目实施

任务七：

根据命题要求运用虚拟仿真软件完成橱窗设计。

1. 任务目标

了解橱窗的分类，理解橱窗设计的基本原则、主题提炼方法、创意灵感的来源和表达方式，掌握设计法则，并能完成橱窗设计方案的空间布局和色彩改造设计。

2. 任务七学时安排（表 5–1）

表 5–1　任务七学时安排

	技能内容与要求	参考学时	
		理论	实践
1	任务导入分析	4	—
2	橱窗信息采集与整合	—	4
3	橱窗陈列方案设计	—	20
合计	—	4	24

3. 任务基本程序和考核要求

（1）分组安排：每组 3 ～ 4 人。

（2）任务分析：对已获得的校企合作项目或教师自拟任务进行分解，通过调研和资料搜集，充分了解其品牌历史、理念、风格、产品特点等相关信息，掌握任务要求。

（3）橱窗信息解读：解读橱窗的类别、功能、主题、创意灵感、配色方案等。解读内容全面、详实。

（4）橱窗方案设计：利用虚拟仿真软件绘制，根据橱窗设计法则拓展不同规格的橱窗 2 个，配色方案 2 套。要求方案设计风格与品牌风格一致，主题突出，空间布局合理、色彩协调、造型别致、整体感强。

（5）任务综合评价和总结。

项目达标记录

项目总结

学习资料索引

橱窗，即商店面向街道的展示窗口，其通过装饰性的布景和道具衬托，结合灯光、色彩和文字说明等，构成了一种综合性的艺术表现，用以展示有价值的商品。它不仅展现了设计师的创意和对品牌理念的理解，同时也能够唤起消费者的购买欲望。

图 5–1　直白的橱窗促销设计思路

首先，橱窗具有促进销售的作用。陈列师通过艺术性的展示手法，提升消费者对商品的了解和购买意愿，从而推动销售，达成营销目标。以促进销售为目的的橱窗设计思路效果显著且直接，通常适用于对价格较为敏感的消费群，以及中低价位的服装品牌，或在短时间内需快速提升销量的活动，如打折、新货上市、节日促销等活动（图 5–1）。

其次，橱窗具有传播品牌文化的作用。陈列师通过对橱窗进行艺术化设计，使其能够反映出品牌的个性、风格及其文化内涵。高雅的橱窗设计追求长期的品牌形象积累。以促进品牌推广为目的的橱窗设计较为含蓄，更适合关注产品风格和文化价值的中高档品牌。当然，中低档品牌有时也会采用此策略（图 5–2、图 5–3）。

橱窗是艺术和商业的完美结合。在实际应用中，这两种设计思路往往被同时采用，但各自的侧重点有所不同。由于两种橱窗在表现手法上存在差异，因此，它们的检验标准也相应有所不同。具体来说，一种橱窗的检验标准主要是短时间内顾客的进店率，而另一种则

图 5–2　强调品牌文化和艺术气息的橱窗设计（1）

图 5–3　强调品牌文化和艺术气息的橱窗设计（2）

需要通过较长时间的综合评定来考察顾客的进店率。

根据这些要求，需要完成的任务如下。

知识点一：橱窗的分类

一、橱窗的分类

根据橱窗展示内容、开放程度、样式和店铺中的位置等因素，可以将橱窗划分为以下几种主要类型。

（一）根据橱窗展示内容分类

主要有综合式橱窗、专题式橱窗、特写式橱窗、电动式橱窗等。

1. 综合式橱窗

综合式橱窗将众多看似不相关的商品整合在同一橱窗内，通过精心设计，塑造出一个统一的橱窗形象。这种展示方式对设计师的综合展示能力提出了较高要求。由于展示产品众多，若设计不够周全，便容易导致橱窗显得杂乱，影响视觉效果（图 5–4）。

2. 专题式橱窗

专题式橱窗旨在激发联想和营造氛围，它以广告专题为核心，针对某一特定主题组织商品陈列，向顾客传递明确的主题信息（图 5–5）。专题式陈列包括节日陈列、场景陈列、事

图 5–4　迪士尼橱窗餐具、服装、储物罐、玩具的综合陈列

件陈列、抛售陈列和季节陈列等类型。抛售陈列区别于整洁、精心布置的常规陈列，旨在营造一种物美价廉的氛围，常用于服装清仓销售；而季节陈列则根据季节更迭，将当季商品集中展示，以满足顾客的应季购物需求，有助于提升销售额（图 5-6）。

3. 特写式橱窗

特写式橱窗是指通过特定的视觉陈列技巧，将焦点集中在一件或几件商品上，利用放大、细节展示等手法，突出商品的特色和优势，以吸引顾客的注意力。特写式橱窗陈列适用于新产品、特色商品或促销活动中的重点推荐商品，旨在通过强烈的视觉冲击和艺术化的表现手法，提升商品的形象，激发消费者的购买欲望。特写式橱窗强调的是商品本身的设计、质感、色彩等细节，以及对灯光、背景和陈列布局的精心设计，以达到最佳的展示效果（图5-7）。

图 5-5 专题式的陈列

图 5-7 特写式橱窗

图 5-6 专题式橱窗

4. 电动式橱窗

随着科技的进步与发展，电动橱窗在商品展示中的运用日益增多。电动橱窗中的商品可实现旋转或左右上下的移动，相较于静止橱窗，其宣传效果更佳，对顾客的吸引力更强。此外，电动橱窗运用光电原理，能够变换商品色彩，创造出神奇的展示效果，尤其在节日期间，更能营造出浓厚的氛围。

（二）根据橱窗的展示开放程度分类

主要有封闭式橱窗、半封闭式橱窗、开放式橱窗和店外式橱窗。

扫码学习
橱窗布局形式（一）

扫码学习
橱窗布局形式（二）

1. 封闭式橱窗

这种橱窗形式被广泛采用，尤其是临街的大型橱窗。封闭式橱窗通常使用三夹板或胶合板作为后背，并在一侧预留小门，以便橱窗布置人员进出。在商品展示陈列方面，封闭式橱窗的胶合板背景，便于进行陈列设计实施，有效烘托和宣传产品，营造橱窗氛围。大多数封闭式橱窗的展示内容正面朝向观众，因此在设计构图时，设计师更易于掌控整体展示效果（图 5–8）。

2. 半封闭式橱窗

半封闭式橱窗通过不完全分隔的背板来实现，这样的设计主要是为

图 5–8　封闭式橱窗

图 5-9 半封闭式橱窗

图 5-10 开放式橱窗

了确保店内采光不受或少受遮挡。其优点在于顾客可以看到卖场内部的部分销售环境和布置（图 5-9）。

3. 开放式橱窗

开放式橱窗的最大特点是与卖场内部空间融为一体，展现出足够的亲和力。但需要注意的是，橱窗陈列效果应与卖场陈列效果保持一致，以确保整体呈现出完整的画面（图 5-10）。

这种橱窗形式若朝向南方且无其他建筑物遮挡，橱窗和店内的商品、道具的色彩可能会因为长期受阳光照射而褪色或变色，进而影响展示效果。因此，应根据卖场建筑的结构、材质和周边环境，选择合适的固定式或者活动式遮阳棚。

4. 店外式橱窗

这种橱窗形式近年来开始流行，其目的是方便行人无需进入店内就能了解最新的商品销售信息。通常，这类橱窗设置在距离店铺前 3 ～ 5 m 处，采用玻璃封闭，四周可视，高度接近人体视线。

（三）根据卖场的位置和样式

主要有店头橱窗、店内橱窗、成角度橱窗、转角橱窗、柜式橱窗、连廊橱窗。

1. 店头橱窗

店头橱窗位于店铺的前面位置，毗邻入口处的橱窗陈列（图 5-11）。

2. 店内橱窗

部分卖场及商场内的店铺，由于自身设计或商场总体规划的限制，通常会将橱窗设置在店内，与店内环境融为一体（图 5–12）。

3. 成角度橱窗

橱窗的展示面与建筑立面或传统直面街道的橱窗相比，呈现出一定角度的橱窗。成角度橱窗可以利用其独特的视角，更好地捕捉过往行人的视线，增加商品的展示效果，以及提升店铺的整体吸引力（图 5–13）。

4. 转角橱窗

转角橱窗是位于商业空间转角位置，利用其特殊的弧形或 L 形结构，巧妙地摆放橱窗内的商品，有助于吸引顾客注意力、展示商品并引导顾客走向店内的一种展示窗口（图 5–14、图 5–15）。

5. 柜式橱窗

经营珠宝等小件商品的店铺通常采用陈列柜式橱窗来吸引顾客注意。为了便于顾客近距离细致观察商品，这些橱窗规格较小，且高度大致与视平线相当（图 5–16、图 5–17）。

图 5–11　店头橱窗

图 5–12　店内橱窗

图 5–13　成角度橱窗

图 5–14　转角橱窗（1）

图 5–15　转角橱窗（2）

图 5-16 柜式橱窗（1）

图 5-18 橱窗的连廊设计，橱窗内的模特朝向充分考虑了橱窗的目的，即积极引导消费者进店消费

图 5-17 柜式橱窗（2）

图 5-19 把消费者目光集聚到出入口的连廊橱窗设计

6. 连廊橱窗

连廊橱窗设计使得店铺入口门位于其后方，此时橱窗陈列可一分为二：一部分面向人行道，以吸引顾客注意；另一部分则需向内倾斜，引导顾客走向店铺入口（图 5-18、图 5-19）。

知识点二：橱窗设计基本原则

一、考虑顾客的最佳视觉体验

虽然橱窗是静止的，但顾客却是在行走和运动的。因此，橱窗的设计不仅要考虑顾客静止时观赏的角度和最佳视线高度，还要考虑橱窗自远至近的视觉效果，以及穿过橱窗前的

“移步即景”的效果。为了顾客在最远的地方就可以看到橱窗的效果，不仅在橱窗的创意上要做到与众不同，主题简洁，在夜晚还要适当地加大橱窗里的灯光亮度。一般橱窗中灯光亮度要比卖场中提高 50% ～100%，照度要达到 1200 ～2500 lx。另外，顾客在街上一般靠右行走，因此，一般是从商店的右侧穿过店面。由此，陈列师在设计中，不仅要考虑顾客正面站在橱窗前的展示效果，也要考虑顾客侧向通过橱窗所看到的效果（图 5–20）。

二、与卖场整体风格相协调

橱窗是卖场的一部分，在布局上应和卖场的整体陈列风格保持一致（图 5–21）。尤其是对于开放式橱窗，不仅要考虑与整个卖场的风格相协调，还需注意与橱窗邻近的货架色彩搭配，并根据不同的卖场形式，选择合适的灯光配置（图 5–22）。

三、与卖场中的营销活动相呼应

从另一角度看，橱窗就像电视剧的预告片，它传递的是商业信息，展示卖场内的销售动态。这种信息的传递应与卖场内的活动相呼应。例如，橱窗展示的是“新装上市”的主题，那么卖场内的陈列也应以新款服装为主，并相应地备足新款服装的库存，以满足销售需要。

四、主题要简洁鲜明，风格要突出

为了在众多的橱窗中脱颖而出，橱窗的主题必须鲜明，并且应以最简洁的陈列方式向顾客传达主题，吸引顾客的注意，从而延长顾客在橱窗前的停留时间（图 5–23、图 5–24）。

图 5–20　考虑路人行走方向的陈列

图 5–21　与卖场陈列相协调的橱窗服饰搭配

图 5–22　半封闭橱窗要考虑与内场的照明相呼应

图 5-23　达衣岩女装秋、冬橱窗设计方案

图 5-24　某品牌春、冬橱窗设计方案

知识点三：橱窗设计主题提炼

橱窗艺术和其他艺术形式一样，都具有鲜明的主题。橱窗设计的主题是陈列师创意的出发点，是陈列师根据品牌的商业需要和自己的创意思考方向，确定设计所涉取的角度、方法和信息资料，以体现明确的设计定位。

一个成功的橱窗设计，需要有恰当的主题解读。设计师在明晰其主题内涵的基础上，进行合理的素材处理和设计表达，使橱窗展现出鲜明的风格特色。主题不仅是抽象的思想，还与具体的题材和艺术形象紧密结合在一起。由于橱窗创作的立场、观点和意图各异，相同的主题可以通过不同的素材来体现，反之，相同的素材也能表现不同的主题。在橱窗设计中，设计师的思想深度、生活经验以及艺术表现方法，都会影响主题创作的深度和广度。

橱窗设计中，主题的表达与艺术性最为重要，但是最难的又恰恰是提炼与表现。提炼主题以鲜明为原则，一般多从服装的品牌定位、风格、目标顾客、着装环境等入手。女装通常从情感与审美出发提炼主题；男装侧重于身份与传统；童装着重于快乐与游戏；时尚主题多从个性与娱乐的角度着手。陈列师还能从生活环境、社会文化、科技成果、艺术与历史中汲取灵感，提炼橱窗的主题，并通过艺术手段将其转化为视觉语言。橱窗设计的常用主题主要有以下五类。

图 5-25　自然主题橱窗

一、自然主题橱窗

自然主题橱窗以自然元素来装饰呼应服饰特征，意味着同自然的接触和融合，如用鲜花、植物、动物等来衬托花裙、手袋、帽子这类女性商品（图5-25）。

图 5-26　地理主题橱窗

二、地理主题橱窗

地理主题橱窗是将某一地域上特定的自然与人文特色附着于设计中。如俄罗斯、西班牙、夏威夷、伦敦、法国南部乡村等，这些地域往往是目标消费者向往的、充满异域风情的，能够在人们的生命中留下深刻印象的地方（图5-26）。

图 5-27　历史主题橱窗

三、历史主题橱窗

历史主题橱窗是融合特定历史时期风格，表达复古或怀旧的情感，从而带来时空遐想，如洛可可式、哥特式风格等（图 5-27）。

四、艺术主题橱窗

艺术主题橱窗以某类艺术形式，如绘画、雕塑、装置、电影等对服装进行描述和衬托，凸显时

图 5-28 艺术主题橱窗

图 5-29 生活主题橱窗

装的设计品位。如当代艺术和装置艺术就是现在最热门的橱窗设计主题（图5-28）。

五、生活主题橱窗

生活主题橱窗就是营造一种可以引导消费者进入理想状态的生活情境，一种由设计师渲染的理想生活方式，像剧院、聚会、家居环境等生活形式的场景就很适合服装展示（图5-29）。

知识点四：橱窗设计创意灵感和表达

橱窗的立体空间由前、中、后三个层次构成，同时也有上、中、下的层次之分。橱窗艺术效果的展示与前、中、后三个空间层次关系密切相关。这些层次类似于绘画中的近景、中景和远景。绘画利用近大远小的透视变化、色彩的冷暖变化达到近景、中景、远景的虚实效果。在橱窗设计中，重点往往不在绘画中的“近景”部分，而是“中景”部分。前景通常用于烘托层次，而主推商品则放置在中间层次。在设计前、中、后三个层次中，一般以前疏、中密、后陪衬为宜，前疏是为了留出视线的空档，避免遮挡第二和第三层次的陈列物品（图 5-30）。

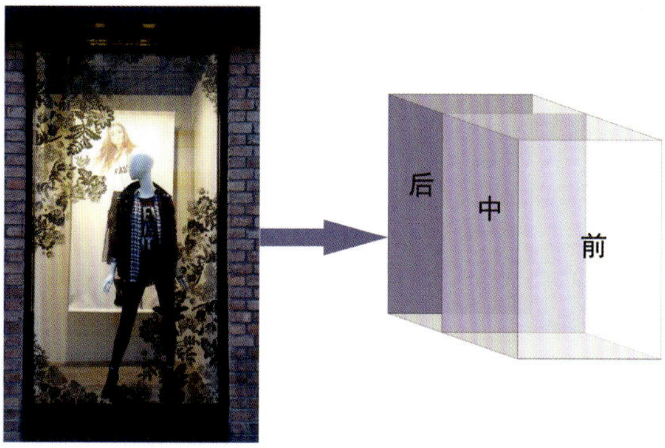

图 5-30 橱窗空间构成

在掌握了橱窗的空间构成、陈列原则和主题提炼之后，接下来的任务便是将模特、道具、灯光、POP 广告等视觉元素，通过解构和演绎的手法，有目的地布置在橱窗的不同层次中。

然而，视觉元素如何创意地表达橱窗主题思想呢？有的陈列设计师在做橱窗设计时费尽心思，但产出的创意并不契合品牌风格和营销目标。实际上，橱窗设计的灵感并不需要凭空苦思，而是主要源自以下六个方面。

一、时尚流行趋势主题

各大流行趋势研究机构每年都会发布时尚流行趋势，这些趋势通常分为若干主题。例如，法国巴黎的娜丽罗荻设计事务所，每年会发布春夏和秋冬两季的流行趋势，每次发布包含 4 至 8 个主题，每个主题都有其鲜明的特点，并附有相应的色彩、面料和款式等设计要素提案。陈列师可挑选与品牌风格相契合的主题，并从中提炼设计元素。2009 年春夏巴黎娜丽罗荻设计事务所发布的四大主题之一是“航海”。众多品牌采用这一主题来设计橱窗（图 5–31）。

随着视觉陈列的发展，现在有些流行趋势研究机构也开始发布视觉营销方面的流行趋势，比如在全球流行趋势预测分析平台 WGSN 上就有一个视觉营销模块。这个模块会及时发布下一年的陈列流行趋势。设计师可以从视觉营销流行趋势中提取橱窗创意设计主题方案。

二、品牌的产品设计要素

服装设计师在产品开发前，会对下一季的流行趋势进行研究，找出其中适合于本品牌的设计要素，然后，根据这些设计要素进行系列设计，开发出几大系列主题鲜明又风格统一的产品。陈列设计师只需对产品的这些设计要素加以应用，在橱窗设计时把它表达出来，就可以作出既符合时尚流行趋势，又

图 5–31　航海主题橱窗陈列

图 5–32　2010 年 11 月米兰的橱窗，最大的亮点就在于橱窗中漫天飞舞的蝴蝶、蜻蜓装饰。仔细观察就会发现，其实这些造型不是陈列设计师的即兴之笔，而是来自所陈列商品的面料纹样。发现这个设计要素，并且将其应用于橱窗陈列设计中，正是该品牌陈列设计师的过人之处

图 5-33　蛇年橱窗

图 5-34　浪凡的橱窗。苹果 iMac 电脑出现在浪凡的橱窗中，一位摩登女郎斜倚在地板上，右手握着香槟酒瓶，左手拿着 iPod 下载音乐，头上戴着耳麦同时试听，完全是一幕当代的时尚青年乐享音乐的场景。消费者可将这些元素添加在自己的身份识别系统之中，这是新人类谋求自我价值的“梦想”状态

忠于品牌自身风格的设计。这些设计要素可能主推服装产品独特的花型图案或肌理，抑或款式的结构、色彩等。这些都可以成为橱窗创意设计的灵感来源（图 5-32）。

三、品牌当季的营销方案

品牌当季的营销方案，可以以时间段来划分，其中包括新品上市计划，以及一些重点节假日的营销策略。在这些重要时期，品牌必然需要进行有针对性的重点陈列设计。陈列设计师要通过应季的橱窗陈列设计明确地提醒每一位路过的顾客新品的上市和节日的到来。因此，设计方案的灵感来源，可以从这些时间段的代表特征中去发掘。要注意的是，橱窗创意的表达既要明确地体现该时间段的特点，又要新颖而不落俗套（图 5-33）。

四、消费者的需求、体验和时代文化生活

不同的品牌，其主体消费群体存在各方面的差异，这些差异是橱窗创意设计构思的前提。陈列师可以从消费者当下的生活方式、文化喜好、热点话题、社会环境等因素出发，寻找切入点，然后采用引导消费者群体生活方式的设计路线进行橱窗创意表达。在商品社会中，服装品牌所代表的生活方式和表达的趣味已经成为影响人们着装选择的主要因素，如何穿着被如何消费所代替。反映消费者的需求、体验和时代文化生活的这种橱窗陈列方式往往更加能引起消费者的共鸣（图 5-34）。

五、姊妹艺术

在艺术创作领域，各种艺术形式各具特色，它们既相互区分又相互联系、影响和启发。因此，橱窗设计师在设计构思中可以从其他艺术领域得到启发，比如从古典绘画到印象派的色彩风格，从洛可可艺

图 5-35　创意灵感：路易威登星星、四瓣花组合成的经典字母组合图纹；形态：液体滴落、放射线形；色彩：黄灿灿的金属色；材质：金属。路易威登的包是众星捧月的焦点，熠熠生辉，每一件产品都是经典之作，浓缩了 160 多年品牌的精华

图 5-36　创意灵感：圣诞节，路易威登的箱包以及商标、星星、四瓣花组合成的经典字母组合图纹；形态：大量箱包的重叠堆积；色彩：朦胧又喜庆的橙黄色；材质：皮质、纸质

术到当代艺术的表现形式，从蒙德里安的抽象到杜尚的波普，以及从东方美学到西方艺术找到美的灵感，以此来丰富设计思维和表现技巧。

六、自然界

随着现代工业对环境的破坏和都市化进程的快速发展，人们开始关注自然生态。橱窗设计师可以以此为契机，从自然界汲取灵感，并通过感性认识和理性分析，判断、归纳、综合，加以创作应用，为设计提供取之不尽、用之不竭的素材。

灵感确定后，设计师需要将灵感创意融入橱窗的视觉要素中去，或者找到较为容易理解的直观元素来表现创意灵感。而表达橱窗创意最简单方式就是利用形态、色彩、材质三个视觉元素。将三者有机组合，并在一定的空间中自由演绎，然后以最佳的视觉形式呈现出来，就能打造一场既充满能量又极具创意的视觉盛宴。

在表达橱窗创意中，形态、色彩、材质都是根据品牌理念和品牌风格进行变形和演绎的。同一个品牌橱窗虽然创意不同，但是品牌基因这一核心始终要得以传承，如图 5-35、图 5-36 所示，两个橱窗虽然采用不同的主题、不同的创意、不同的材质、不同的色彩、不同的形态组合，但通过星星、四瓣花图形元素的注入，让受众一眼就能认出品牌。

知识点五：橱窗设计法则

最后，当陈列师确定橱窗主题视觉元素并对其进行合理有效的创意组合时，需要运用艺术设计法则，对橱窗进行整体把握，从而达到橱窗形象艺术美的三个层次：切题、和谐、出彩。

一、平衡法则

平衡法则是通过采用对称、均衡的艺术手法，着重于陈列服装的色彩和形态因素的统一与协调。这种设计手法在橱窗构图中被广泛运用，无论是商品间的布局平衡，还是模特之间的平衡，都十分常见。

在运用平衡法则时，可以想象橱窗的中心有一条虚拟的对称轴，商品以此为中心向两边对称排列。在具体实践中，陈列师可将一件商品置于中心或靠近中心的位置，以此来构建实体的对称中心。这种布局传达出的是一种庄重、大方和稳定的视觉印象，常用于展示中性化风格的女性服装或经典风格的男性服装（图 5–37、图 5–38）。

二、焦点法则

焦点法则是通过运用对比、强调、夸张的艺术设计手法，统一构思橱窗陈列的色彩、灯光、形态、结构及材质这几个视觉元素，达到突出表现重点商品的效果。

常用的焦点法则手法包括：使用灯光或鲜明的色彩对比来突出焦点效果；通过材质对比以及点、线、面、体的形态综合对比，有效凸显焦点商品；此外，对商品形态的强调也是创造焦点的手段，其中，夸张的强调是指对商品形态进行非常规比例的放大或针对特定特征进行突出展示。这样的夸张形态设计能够营造出充满趣味和艺术张力的独特视觉体验（图 5–39）。

扫码学习
橱窗常用道具材料

扫码学习
橱窗广告类道具材料

扫码学习
橱窗基础组合

扫码学习
橱窗色彩搭配

图 5–37　橱窗平衡法则运用（1）

图 5–38　橱窗平衡法则运用（2）

图 5–39　橱窗焦点法则运用

三、色序法则

色序法则是运用节奏、韵律等艺术设计手法，将构思重点放在橱窗所陈列的时装、背景及饰物的色彩关系上。有序的色彩会使服装陈列的主题鲜明，从而形成强烈的视觉冲击。在运用色序法则时，可混合采用渐变搭配和对比搭配的方法，在具体运用上有色相有序，如彩虹式色序搭配法；有纯度有序，如琴键式搭配法；有明度有序，如光谱式色序搭配法等几种形式。

在设计橱窗色彩时，应使用标准色卡来确定色彩。运用色卡能够确保橱窗色彩的明确性和统一性，同时增添浪漫氛围，实现雅致、和谐、自然的色彩效果，彰显商业文化的艺术内涵，以达到视觉上的舒适感和吸引消费者的目标。在设计橱窗色彩时，不仅要考虑与自家店铺的整体统一性，还要兼顾与邻近商铺的色彩协调及其整体排列效果。色卡分为以下三组：

（一）主调基本色卡系列

一般不使用艳度高的浓重色彩及低明度色彩，多数选择色阶中间靠上的和谐色彩（图5–40）。

（二）辅助色卡系列

扩充了主色调系列色卡范围，与主色调色卡搭配成色系，一般也不选择艳度（纯度）高的色彩。

（三）点缀色系列

选择艳度较高、比较明确的色彩，在局部、小面积运用，起到画龙点睛的作用（图5–41）。

四、搭配法则

搭配法则是运用调和的艺术设计手法，通常应用于种类各异但风格相近的服装陈列。此外，橱窗商品的搭配不仅限于服装与配饰之间的组合，还包括服装与道具的搭配。恰到好处的搭配可以让顾客消费欲望倍增。在采用搭配法则进行多种商品陈列时，需要有一个明确的主题贯穿始终，这样才能相得益彰。

（一）多样有序

多样法则采用渐变和对比的表现手法，着重于服装、道具与装饰品之间的色彩和形态关系。在遵循多样有序的法则时，应确保各款服装的色彩色调统一，道具和装饰品的色彩起到衬托作用，避免喧宾夺主。同时，模特的动静态应保持一致性。对于系列服装的陈列，应运用反复、渐变、对称与均衡、节奏与韵律等手法，以实现平衡和有序的多样化展示。

在色彩多样性方面，需确保橱窗的整体色调保持统一（图5–42）；而在形态多样性方面，应确保形态要素具有一定的共性。这样，橱窗才不会显得杂乱。对于色彩单一的服装系列，陈列师可以通过模特和道具的多样化形态来吸引目光（图 5–43）。相反，如果服装色彩丰富，陈列师应减少装饰的使用，同时模特的造型可以更为简洁。

图 5–40　以卡其色调为主的橱窗

图 5–41　点缀色的应用

图 5–42　橱窗补色的运用，用纯度进行了协调

图 5–43　模特姿势的前后和朝向变化以及照明道具的错落有致，弥补了色彩单一性带来的单调感

（二）重复变异

重复法则采用重复的艺术手法，着重于陈列服装和道具的结构与形态设计，通过重复展示特定款式的服饰或道具来增强展示效果。恰当的重复能够突出陈列主题，增强视觉冲击力，使消费者清晰地识别出展示的主推产品和主打色，进而促进品牌形象的记忆与传播，提升消费者的购买意愿。

在运用重复法则时，不必追求百分之百的完全重复，允许在重复中存在一定的变异。例如，在对辅助商品如搭配装饰进行重复展示时，可以对主推商品进行差异化处理，或在色彩上作出变化，以凸显主要商品。重复法则适用于橱窗中的所有视觉元素，通过这种手法可以创造出令人印象深刻的视觉效果，使观者过目难忘（图 5-44）。

橱窗设计的法则通常是综合运用的，无须拘泥于某种特定的方法而忘记使用其他的设计法则。在使用各陈列法则时，不要忘记陈列设计的目的是进行视觉营销，不能只是单纯追求橱窗的艺术美，而忽略了橱窗设计的商业性目的。

图 5-44　模特动态重复、发型重复，变化的是第一个模特所穿服装色彩与其他两个模特的深浅不同。模特姿势的统一，造成了橱窗视觉效果的震撼力，色彩的变化，营造出活泼感和设计感

课后练习

一、填空题

1. ___________ 是位于商业空间转角位置，利用其特殊的弧形或 L 形结构，巧妙地摆放橱窗内的商品，有助于吸引顾客注意力、展示商品并引导顾客流向店内的一种展示窗口。

2. 橱窗的作用是 ______________________、______________________。

3. 橱窗设计的常用主题主要有 ___________、___________、___________、___________、___________ 五类。

4. 橱窗设计的灵感来源于：____________________、__________________、____________________、_____________________、_____________________、_____________________。

5. 根据橱窗展示的开放程度，橱窗分为：____________、____________、____________、____________。

二、选择题

1. 根据橱窗展示内容，橱窗陈列分为（　　）。

A 综合式　　B 专题式

C 特写式　　D 电动式

2.（　　）橱窗的最大特点是与卖场内部空间融为一体，展现出足够的亲和力。

A 封闭式　　B 半封闭式

C 开放式　　D 店内橱窗

3. 橱窗设计的基本原则是（　　）。

A 考虑顾客的最佳视觉体验　　B 与卖场整体风格相协调

C 要和卖场中的营销活动相呼应　　D 主题要简洁鲜明，风格要突出

4. 橱窗设计法则有（　　）。

A 平衡法则　　B 焦点法则

C 色序法则　　D 搭配法则

5. 在橱窗的设计中，重点往往不在绘画中的（　　）部分，而往往是处在绘画中的（　　）部分。（　　）在橱窗设计中往往作为烘托层次。

A 近景　　B 中景

C 远景　　D 前景

三、思考题

橱窗设计在环保和可持续性方面有哪些可行的实践？如何平衡美观与环保的关系？

推荐书目

Recommend

《视觉营销：橱窗与店面陈列设计》

［英］托尼·摩根著，毛艺坛译的《视觉营销：橱窗与店面陈列设计》，于2014年5月由中国纺织出版社出版。该书从视觉营销的发展史、视觉陈列师的角色、店铺设计、橱窗展示、店内陈列、人形模特以及视觉陈列师的工作室等方面进行了全面细致的讲解。

《橱窗设计》

深圳市艺力文化发展有限公司编的《橱窗设计》，于2015年10月由岭南美术出版社出版。何为好的橱窗设计？如何打造优秀的橱窗作品？站在专业的视角，该书中各国设计师给出了自己的见解，并与读者分享一些优秀的代表性橱窗案例。

《商业空间店面与橱窗设计》

赵文瑾、宋鸽、于斐玥编著的《商业空间店面与橱窗设计》，于2015年8月由北京大学出版社出版，全书以现代城市的多元文化为背景，以包容、开放的美学观点，提出现代商业空间店面与橱窗的设计理念。该书结合实际案例，简述了商业空间店面与橱窗的发展和设计流程，结合人体工程学、色彩学和照明设计，分析店面和橱窗设计的要素与方法等相关知识，从店面橱窗主题式角度研究、归纳商业空间店面橱窗主题式设计的方法与手段。

《视觉营销战略——用视觉的力量解决问题》

［日］宇治智子编著，宋玮译的《视觉营销战略——用视觉的力量解决问题》，于2016年6月由机械工业出版社出版。该书由两部分构成，前半部分，主要介绍用视觉设计思考与解决问题的方法；后半部分，主要介绍为培养设计感而应从专业设计中学到的设计基础知识。该书所提倡的视觉营销战略，赋予了企业一个解决问题的全新视点，那就是——设计。无论是企业还是个人，在成长发展的过程中都会遇到一些阻碍，若想得到成长，就免不了有碰壁的时候。此时若单纯地使用商业逻辑来分析问题就可能有局限性，但若懂得通过“视觉化”“设计”来谋划营销战略，那就可能实现所谓的创造性跳跃（Creative Jump）和突破（Break Through）。

《时装品牌橱窗设计》

李楠著的《时装品牌橱窗设计》，由中国纺织出版社于2015年11月出版。该书帮助读者认识时尚橱窗的形式和功能，准确解读橱窗设计的方法，思考橱窗文化的理念，旨在从视觉营销的角度来诠释和推动时装潮流与社会风尚。

JAC JONES

6 项目六 卖场陈列调研

项目引言

企业之间的竞争，不仅是战略的竞争、产品的竞争、人才的竞争和服务的竞争，更是信息的竞争。信息作为一种特殊的生产要素，已经成为一项决定企业发展的关键因素。

卖场陈列调研是识别和界定竞争企业品牌战略、产品信息、营销手段、服务信息和存在问题等的有效手段，也是有针对性地制定出终端陈列策略的前提。要收集卖场陈列信息就要全面建立正确的信息收集理念，只有正确的信息反馈才有可能取得预期的目的。

该项目知识目标是掌握卖场陈列调研的方法、内容。技能目标是能根据要求，完成品牌店铺陈列调研及报告。素质目标是养成自觉整合信息资讯，并合理运用的习惯；能主动参与小组活动，积极与组员沟通，养成良好的团队合作意识；严守企业信息，秉持良好的职业道德。

本项目需要完成的任务如下。

任务八：

调研品牌服装店铺并撰写陈列调研报告。

项目实施

任务八：

调研品牌服装店铺并撰写陈列调研报告。

1. 任务目标

通过实际训练，学生能够结合给定的要求并应用陈列理论，对卖场进行科学调研和分析。

2. 任务八学时安排（表 6–1）

表 6–1　任务八学时安排

	技能内容与要求	参考学时	
		理论	实践
1	任务导入分析	1	—
3	卖场现场信息采集与整合	—	2
4	卖场调研分析	—	2
5	卖场调研总结	—	3
合计	—	1	7

3. 任务基本程序和考核要求

（1）分组安排：每组 3 ～ 4 人。

（2）任务分析：对已获得的校企合作项目或教师自拟任务进行分解。

（3）卖场现场信息采集与整合：根据给定的调研要求，运用一定的调研手段，采集卖场现场陈列信息，调研内容详实，搜集的资料和信息真实有效。

（4）卖场调研分析：运用陈列的基础理论知识，结合卖场现状，对卖场进行合理分析。

（5）卖场调研总结：针对卖场调研结果，撰写总结报告。报告要求使用绘图软件绘制图表，并辅以卖场照片，直观展示调研内容和分析结果。调研分析应内容完整、条理清晰，效果图和图片应保持画面清晰、绘制精确。调研内容应包括品牌定位、卖场空间规划、陈列手法、客流动线以及陈列维护等方面。

（6）任务成果汇报：要求汇报思路清晰，PPT 制作精美。

（7）任务综合评价和总结。

项目达标记录

项目总结

学习资料索引

知识点一：卖场陈列调研原则

市场调研作为一种研究手段，已经被广泛应用到各行各业，与卖场陈列相结合的市场调研则是一种全新的研究方法。卖场陈列调研的重要环节主要包括信息收集和调研分析：信息收集为调研分析提供数据支持；调研分析是对信息数据进行剖析并撰写调研报告。企业陈列方案和管理计划都是根据调研报告来制定的。因此，卖场陈列调研中信息收集和调研分析这两个环节至关重要，主要遵循以下原则。

一、客观原则

客观原则是做好卖场陈列调研的关键。参与终端调研的人员必须以公正和中立的态度对市场情报资料进行记录、整理和分析处理，尽量减少主观的偏见和错误。如果研究的目的仅仅是论证事先“意见”的正确性，那就只是在浪费时间和资源。在调研中，如果调研人员故意倾向于达到某种预定的结果，则将严重影响整个调研的客观性。

二、系统原则

卖场陈列调研的系统原则是指企业在进行终端卖场陈列调研时，必须做好周密的计划和安排，包括信息资料的来源、收集方法以及拟采用的分析技术，所研究信息的价值，时间进度的安排，以保证调研工作有序进行。

三、科学原则

科学原则要求卖场陈列调研要在系统和客观的基础上使用科学理性的方法进行调查和研究分析，以得出准确而有效的结果。

四、实用原则

由于卖场陈列调研与企业进行的战略性市场调研不同，它通常采用微观方法，针对局部目标市场或直接的陈列目的进行，因此应当更具体、更直接、更具实用性。

五、节约原则

节约原则是指企业在进行卖场陈列调研时应遵循以下原则：务实不虚荣，量力而行，避免不必要的成本开支；节约财务资源，同时不忽视体力的投入；尽量通过绘图、填表、归档等方法记录信息，因为单凭人脑记忆是不够可靠的。总之，企业应结合实际情况，亲自实践这些原则。

六、多渠道原则

资料采集的真实性和有效性对调研分析的科学性有着直接影响。这些真实性和有效性直接依赖于信息采集的方法。多渠道原则强调企业应灵活运用多种方式来收集卖场陈列的相关信息。以下是一些可行的措施：第一，培训和激励相关人员及时发现并报告新情况；第二，鼓励分销商和其他合作伙伴及时向企业汇报重要信息；第三，可从相关信息服务机构购买关键信息；第四，建立信息中心以搜集和传递陈列情报，并定期编制《陈列简报》供决策者参考；第五，倡导企业高层领导亲自深入市场一线，通过实地走访卖场来掌握市场陈列信息和感知市场动态。

知识点二：卖场陈列调研作用

一、制定卖场陈列方案的基础

陈列师在制定终端卖场的陈列方案时，首先需对市场进行准确的理解和深入分析。通过进行终端卖场陈列调研，可以发掘产品的潜在市场需求和销量规模，掌握货品的库存、价格、款式特点等信息，了解消费者对产品的看法、态度以及购买心理和行为习惯，同时考察卖场的空间布局、环境状况及存在的问题，进而制定出合适的产品陈列方案和卖场空间规划。

二、评估陈列策略的基础

通过卖场陈列调研，可以发现陈列方案的实际效果与预期目标之间的差异，并分析造成这些差异的原因，进而改进并制定出新的终端卖场营销方案。卖场陈列调研是企业研究市场的重要手段。如果企业在不了解终端卖场陈列状况的情况下就确定新的陈列策略，则等于不知道哪里需要灌溉却已开始打井。

三、制定产品策略的基础

卖场陈列调研有助于企业洞察市场需求，进而为企业制定产品策略提供依据。例如，陈列师在开展终端市场调研时，将获取诸如长效产品信息、同类产品价格信息、同类产品传播策略等相关数据，这些信息为企业制定准确的产品营销策略提供了重要的参考。

四、企业确定发展方向的基础

卖场陈列调研有助于企业深入理解终端消费者的需求程度，并评估市场上现有产品结构和陈列营销策略是否满足这些需求。若顾客需求未能得到满足，这便揭示了企业可开发的潜在市场。通过陈列卖场调研，企业能够及时洞察市场机会，调整或制定新的市场策略，研发新产品，拓展新市场，从而为企业确定发展路径提供坚实基础。

五、了解、掌握其他品牌的品牌战略及陈列方式

品牌个性为卖场塑造了独特的视觉形象。通过卖场陈列调研，我们可以了解并掌握目标品牌的风格、理念、消费者定位和产品定位等品牌战略要素。作为品牌运营的关键终端营销场所，调研目标品牌的陈列不仅有助于陈列人员学习优秀品牌的陈列技巧，还能深入了解目标品牌的营销战略。

知识点三：卖场陈列调研内容

一、卖场的环境分析

（1）卖场所处城市。

（2）卖场所处商圈。

（3）周边客户及购买力分析。

（4）地区功能性分析。

通过分析卖场的周边环境，我们可以界定该卖场在市场定位上的类型。卖场级别越高，地段选择通常越优越，不同级别的卖场在陈列策略上各有侧重。例如，银座位于东京中央区，是代表性的繁华街区，以其高端购物体验闻名，与巴黎的香榭丽舍大街、纽约的第五大道并列为世界三大购物中心。香奈儿在此开设了全球最大的旗舰店，展示了品牌陈列的高水准。再如，阿迪达斯的旗舰店通常位于上海、北京等一线城市，而其B类和C类店铺则主要分布于二、三线城市。

二、品牌定位分析

（1）品牌历史。

（2）品牌定位（理念、品牌风格、产品设计风格、时尚度、商品品类、不同商品品类价格带、品牌营销推广方式、目标消费者群体定位、生活方式定位等）。

品牌风格及理念的调研和界定，为卖场陈列调研反馈的风格主题是否准确提供依据；卖场陈列最终目的是促进产品的销售和品牌文化的传播。因此，了解品牌的相关信息，有助于发现卖场陈列营销思路。

三、卖场空间规划

（1）卖场面积（可区分大中小店，划分标准，列出区间）。

（2）卖场朝向和空间规划（朝向除方向外还指对面情况描述、卖场内部布局、橱窗位置）。

（3）货架分布和陈列区域分布。

（4）灯位图。

（5）其他（周边品牌分布）。

（6）优劣势分析。

调研卖场面积大小，可以界定该卖场是属于大、中、小店中的哪类卖场。调研卖场朝向和邻近卖场情况、卖场内部空间规划和陈列布局、橱窗设计等，可以界定卖场的陈列实施方案。通过调研和资料收集，运用掌握的陈列原则、陈列形式和顾客行为等可以分析该卖场的优点、缺点并提出建议。

四、卖场陈列

（1）色彩组合手法的运用（近似色、对比色、彩虹式、渐变式等）。

（2）构成手法的运用（平衡感把握、节奏把握、“三易原则”的把握）。

（3）展示区、容量区、橱窗等的划分和展示情况分析。

（4）流水台、模特、正挂、侧挂、叠装、饰品架等分类分析。

（5）灯光及人体工程学运用。

（6）通道设置分析。

（7）店堂音乐和气味分析。

（8）销售人员外形及着装分析。

（9）总结：优劣分析，提出建议。

通过具体的产品陈列调研，运用科学的陈列技巧、人体工程学、美学、营销学等相关学科，对卖场陈列做分析，诊断其优缺点，提出建议。

五、卖场客流

（1）客流量：单位时间内经过卖场的顾客人数。

（2）进店量：单位时间内进入卖场的顾客人数。

（3）进店率：单位时间内进入卖场的顾客人数与经过卖场的顾客人数的比率。

（4）触摸率：单位时间内触摸产品的顾客人数与进入卖场的顾客人数的比率。

（5）试穿率：单位时间内试穿服装产品顾客数量与进入卖场的顾客人数的比率。

（6）成交率：单位时间内购买服装产品顾客数量与进入卖场的顾客人数的比率。

（7）连带销售比：单位时间内购买产品总数与销售单数的比率。

（8）客流动线：单位时间内顾客在卖场的行走路线（表6-2）。

卖场客流的调研能够评估卖场所在地理位置的商业活跃度，并在一定程度上揭示陈列及连带销售策略的科学性。

表 6–2 客流动线

统计项目	统计结果	抽样时间	备注
客流量	153 人	16:00—17:00	女 63.4%，男 36.6%
进店量	7 人	16:00—17:00	女 85.7%，男 14.3%
进店率	4.6%	16:00—17:00	—
触摸率	100%	16:00—17:00	A 点 80%，B 点 10%，C 点 60%，D 点 50%
试穿率	12.5%	16:00—17:00	A 点 50%，D 点 50%
成交率	0%	16:00—17:00	—
连带销售比	0	16:00—17:00	无售出

六、卖场陈列维护

（1）店面形象维护：硬件环境形象、店面商品形象维护。

（2）店内形象维护：硬件环境形象、店内商品形象维护。

（3）器架道具维护：陈列器架的形象维护、功能维护。

（4）照明与设备维护：卖场灯光设备基础照明、重点照明、装饰照明功能维护。

（5）店员表现：形象表现、陈列表现。

深入调研陈列维护情况能够反映终端卖场陈列执行的质量，而终端陈列维护对于企业陈列效果的呈现至关重要。即便企业陈列师推出了完美的陈列方案，若在卖场终端缺乏有效维护，也可能导致陈列效果大打折扣。

七、信息分析反馈

当完成品牌卖场的调研内容以后，还应该对调研的信息内容进行整合分析，从而达到市场调研最终目的，完成调研任务。

知识点四：卖场陈列调研报告的撰写

在调查和分析工作完成后，应将这些调研与分析成果向陈列相关部门进行展示。此时，首先需要明确的是：报告应采用何种结构框架和数据表达方式。

一般市场调研报告的结构应涵盖调研目的、方法、范围和数据分析等关键内容。这种结构适用于多数同类型报告，包括卖场陈列调研。其格式通常包括标题、目录、概述、正文、结论与建议以及附件等部分。

一、标题

标题应明确且具体地反映被调查品牌和调查内容，例如《Jack&Jones 品牌陈列调研报告》。报告的标题、日期、委托方和调查方等信息通常应位于扉页。

二、目录

当调查报告内容丰富、页数较多时，为了便于读者查阅，应当编制目录或索引，详细列出报告的主要章节和附录，并标注相应的标题、章节号码及页码。通常，目录应简洁明了，篇幅不超过一页。例如：

目录

1. 概述
2. 卖场环境分析
3. 品牌定位分析
4. 卖场空间规划
5. 卖场客流分析
6. 卖场陈列分析
7. 陈列维护分析
8. 附件

三、概述

概述部分应按照市场调研的逻辑顺序展开，主要阐述调研任务的基本情况、原始资料的选择与评价，以及结论和建议的提出原则等。主要包括以下三方面内容：

首先，简要阐述调查的目的，包括调查的起因和委托调查的原因。

其次，概述调查的对象和内容，包括调查的时间、地点、对象、范围、关键点和待解答的问题。

最后，简述所采用的调查研究方法。这有助于增强调查结果的可信度。应简要描述每种方法，并说明其选择的原因，如采用抽样调查法、典型调查法、实地调查法或文案调查法等。若涉及的方法和内容较为复杂，应附上详细的工作技术报告作为补充说明，通常位于市场调查报告的附件部分。

四、正文

正文部分构成市场调查分析报告的核心，应精确阐述所有相关论据，涵盖问题提出、结论推导、论证过程以及分析方法。同时，正文应提供决策者独立思考所需的全部调查结果和市场信息，并包含对这些数据和内容的深入分析与评价。

五、结论与建议

结论与建议是撰写综合分析报告的主要目的。这部分总结了报告引言和正文部分的核心内容，并基于有效措施提出解决方案和建议，以应对具体问题。结论和建议应与正文部分的论述紧密对应，确保结论有充分的证据支持，且论证过程包含结论性意见。

六、附件

附件部分包含调查报告正文中未涉及或无法包含的相关信息，旨在补充和详细说明正文内容。附件通常包括数据汇总表、原始资料背景材料以及必要的工作技术报告等。例如，调查样本选择的具体细节、调查期间使用的文件副本等。

一份合格的报告应当具备明确的结构框架和简洁明了的数据分析结果。数据分析结果通常通过图表形式呈现，因为图表能够直观地展示研究成果。在选择图表类型时，应首先明确数据的主题，再选择最合适的图表类型。一份合格的报告不应局限于图表的直接描述，还应该结合项目本身特性及项目所处大环境对数据表现出的现象进行分析和判断。同时，分析时应保持客观中立，避免个人主观偏见的干扰。

当然，调研报告通常遵循一定的格式，但应根据具体任务的需求，灵活调整报告的形式和风格，以确保市场调研报告的内容丰富且具有针对性。

卖场陈列调研案例

Jack & Jones 品牌陈列调研报告

调研时间：

调研地点：

小组成员：

调研内容：1. 品牌定位分析

2. 卖场规划分析

3. 卖场客流分析

4. 卖场陈列分析

5. 陈列维护分析

一、品牌定位分析

（一）品牌理念

Jack & Jones 为欧洲服饰品牌，是丹麦 Bestseller 集团旗下的主要品牌之一，在全球 18

个国家和地区均设有形象店。

简洁纯粹为其设计理念，设计注重国际化理念，追求都市情结、高品质、新颖的面料，采用轮廓鲜明而朴实的风格，迎合国际大都市男士的生活品位。

该品牌是男生青春装里非常流行的品牌，与女装的 Only、Vero Moda 同属丹麦的 Bestseller 公司，主要经营休闲、正装等男装品类和各种配饰。

（二）品牌历史

Bestseller 于1990年推出 Jack & Jones 品牌，1991年，第一家 Jack & Jones 店在挪威特隆赫姆开业。至今，Jack & Jones 在欧洲和中东已经开设了341家直营店和1720家代理店。目前，澳大利亚、丹麦、芬兰、比利时、德国、英国、冰岛、爱尔兰、科威特、拉脱维亚、黎巴嫩、荷兰、挪威、西班牙、瑞典、瑞士、阿拉伯联合酋长国、北爱尔兰和中国都有 Jack & Jones 专卖店。绫致时装于1999年将 Jack & Jones 品牌引入中国，目前已在中国北京、上海等城市开设近200家专卖店。

（三）商品品类

（1）服装功能分类

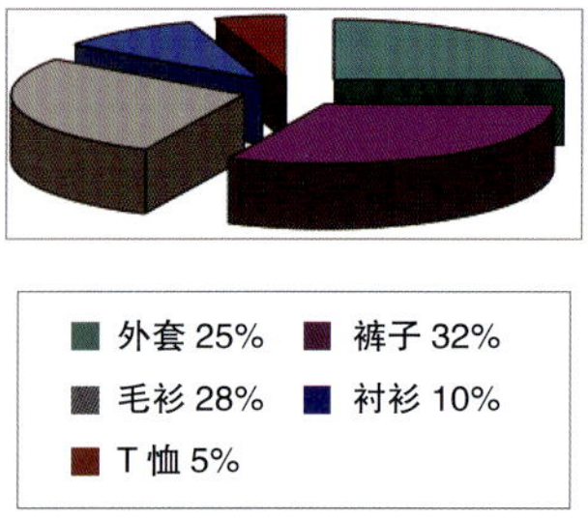

（2）服装主题分类

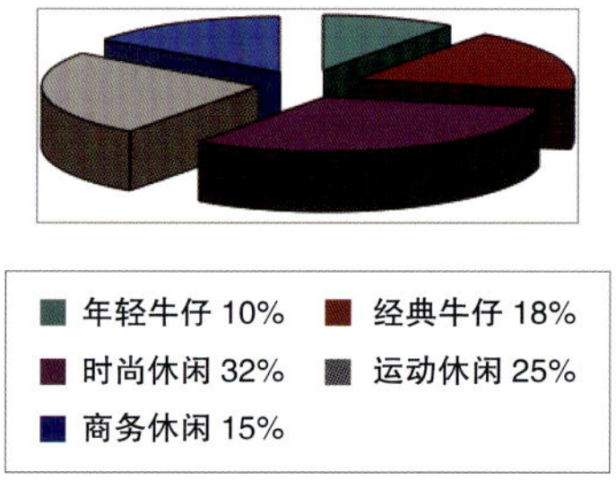

（3）服装配饰分类

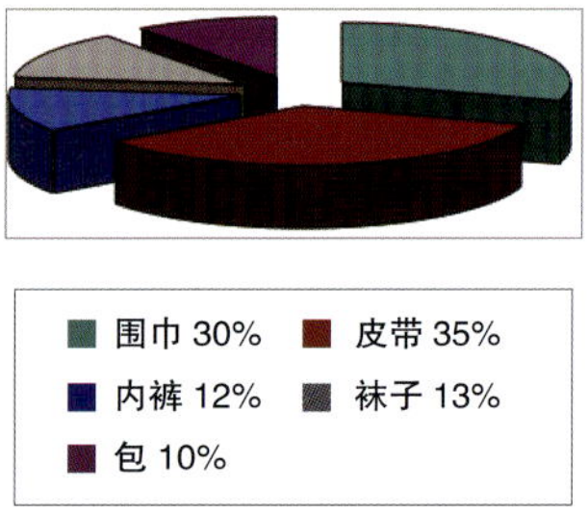

（四）价格分析

1. 服装商品价格线分析

（1）服装最低价格线：169 ~ 349 元。

（2）服装品类：T 恤、衬衫。

（3）目标卖场最低价格线服装产品占比：15 %。

（4）服装中档价格线：399 ~ 1299 元。

（5）服装品类：卫衣、毛衣、夹克、棉服、牛仔裤、风衣、休闲裤、单西。

（6）目标卖场中档价格线服装产品占比：75%。

（7）服装最高价格线：1699 ~ 2499 元。

（8）服装品类：皮衣。

（9）目标卖场最高价格线服装产品占比：10 %。

2. 配件商品价格线分析

（1）配件最低价格线：29 ~ 79 元。

（2）配件品类：袜子、内裤。

（3）目标卖场最低价格线配件产品占比：28 %。

（4）配件中档价格线：129 ~ 249 元。

（5）配件品类：手套、帽子、围巾、皮带。

（6）目标卖场中档价格线配件产品占比：62 %。

（7）配件最高价格线：299 ~ 499 元。

（8）配件品类：包、鞋子。

（9）目标卖场最高价格线配件产品占比：10 %。

（五）顾客定位

（1）性别定位：男性。

（2）年龄定位：18 ~ 40 岁。

（3）收入阶层定位：3000 ~ 8000 元。

（4）职业定位：各个专业领域的精英，受雇于外国企业或繁忙于国际间的商务往来人士。

（5）消费能力定位：牛仔裤 399 ~ 699 元，衬衫 299 ~ 399 元，外套一般都在 500 元左右，皮衣 1800 元左右。

（6）其他特征的定位：机敏、明智、受过良好教育、热衷社会活动，关注世界动向，勇于接受挑战并视之为动力，对现代服装有着自己独特感受，崇尚个性、讲究品位。

（六）生活方式定位

针对年龄在 18 ~ 40 岁的喜欢穿着精致、流行和时尚的男士们设计。

采用高品质、时尚和新颖的面料制作的服装。适合在办公室、街头、运动场所、大学校园穿着。

二、卖场规划分析

1. 卖场平面示意图（图 6–1）

2. 卖场主题区域划分（图 6–2）

3. 卖场销售区域划分（图 6–3）

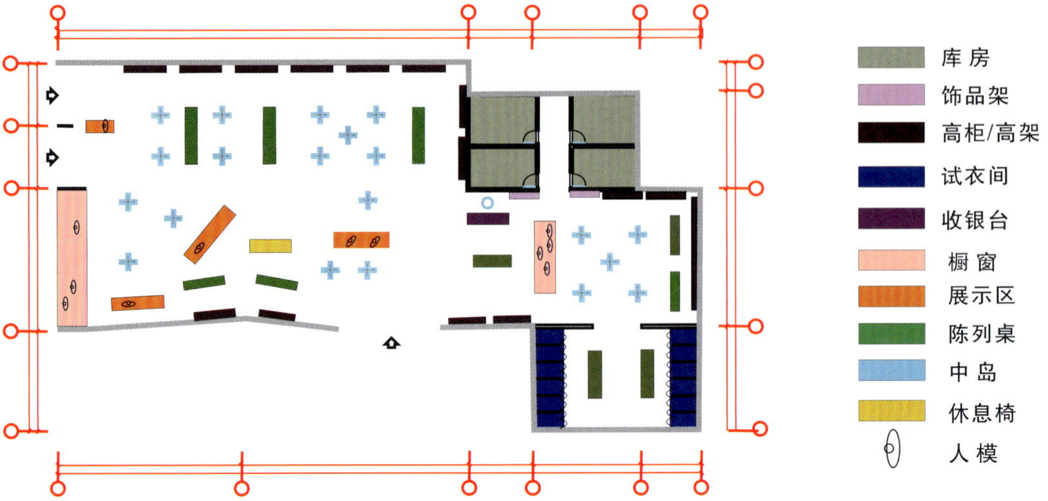

图 6-1　卖场平面示意图

图 6-2　卖场主题区域划分

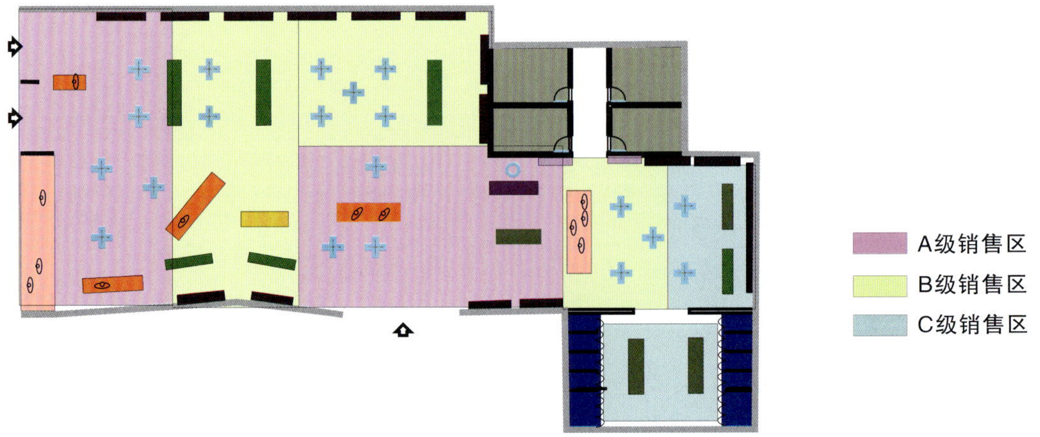

图 6-3　卖场销售区域划分

三、卖场客流分析（表 6-3、图 6-4）

表 6-3 Jack & Jones 卖场客流分析

统计项目	统计结果	抽样时间	备注
客流量	162	12:30—13:00	—
进店量	72	12:30—13:00	—
进店率	44.4%	12:30—13:00	—
触摸率	80%	12:30—13:00	—
试穿率	8.2%	12:30—13:00	—
成交率	1.2%	12:30—13:00	—
连带销售比	0	12:30—13:00	—

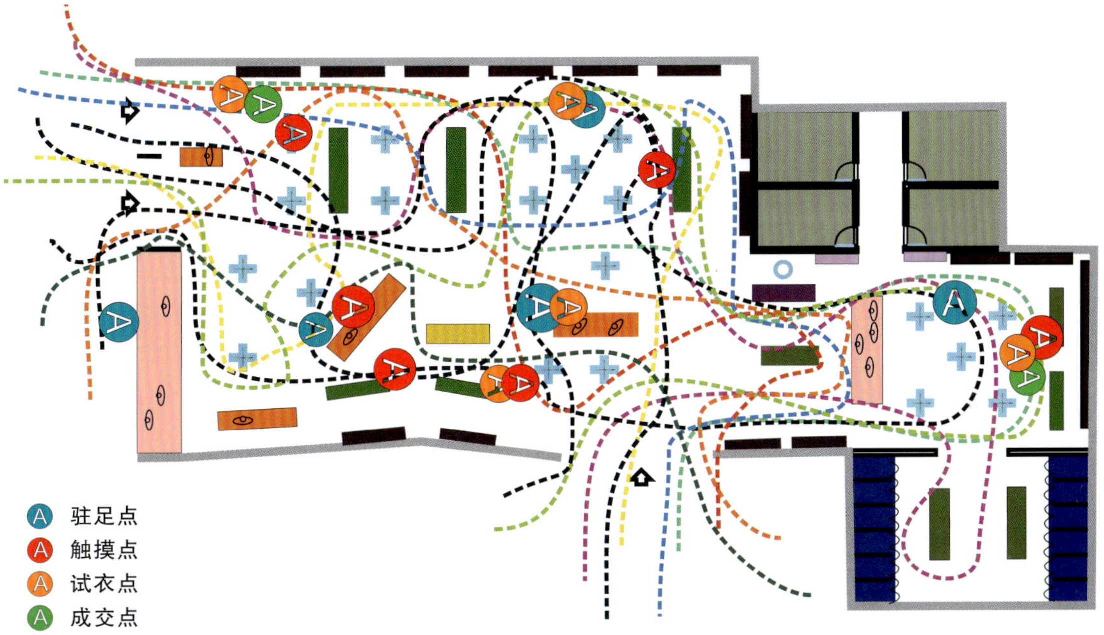

图 6-4 卖场客流分析

优点：客流动线多样，从前场到后场有较好的 PP 区（Point of Sales Presentation，指重点商品陈列区域），能引导顾客进入后场，基本能让客人到达卖场的所有区域。

问题：流水台和高架距离过近，通道不够顺畅。与思莱德（SELECTED）品牌间的分区不清晰。

改进：中岛与流水台组合储货，以留出更宽敞的通道。

四、卖场陈列分析

1. 入口陈列（图 6–5）

（1）卖场入口商品品类：毛衫、针织。

（2）卖场入口商品价格线：299 ～ 499 元。

（3）卖场入口货架陈列方式与容量：

陈列方式：正挂、侧挂、折叠。

容量：50 ～ 55 件。

（4）卖场入口商品陈列手法：点对称、色系呼应。

（5）卖场入口商品陈列细节：商品颜色较为鲜艳，目的是吸引顾客入店。

2. 中岛陈列

（1）卖场中岛商品品类：夹克、单西。

（2）卖场中岛商品价格线：599 ～ 899 元。

（3）卖场中岛货架陈列方式与容量：

陈列方式：正挂、侧挂。

容量：20 ～ 24 件。

（4）卖场中岛商品陈列手法：颜色间隔、重复。

（5）卖场中岛商品陈列细节：夹克颜色偏重、内搭蓝色围巾，提高亮度。

3. 板墙陈列（图 6–6）

（1）卖场板墙商品品类：单西、西裤、风衣、衬衫。

（2）卖场板墙商品价格线： 899 ～ 1299 元。

（3）卖场板墙货架陈列方式与容量：

陈列方式：正挂、叠装。

容量：50 ～ 55 件。

（4）卖场板墙商品陈列手法：重复。

（5）卖场板墙商品陈列细节：上下装搭配和谐。

4. 橱窗陈列（图 6–7）

（1）橱窗主题

冬季、休闲时尚、撒哈拉沙漠探险主题，主推为羽绒背心、毛衣外套、夹克、迷彩裤装、牛仔裤，内搭为卫衣、长袖 T 恤，配饰为帽子、围巾、旅行箱等，主推价格为 799 ～ 1299 元。

橱窗目标信息传达：繁华都市的人们在紧张快节奏生活之余，在异国体验热情的撒哈拉文化，关注世界动向，勇于接受挑战并视之为动力，对现代服装有着自己独特感受，崇尚个性、讲究品位。

图 6-5　入口陈列

图 6-6　板墙陈列

图 6-7　橱窗陈列

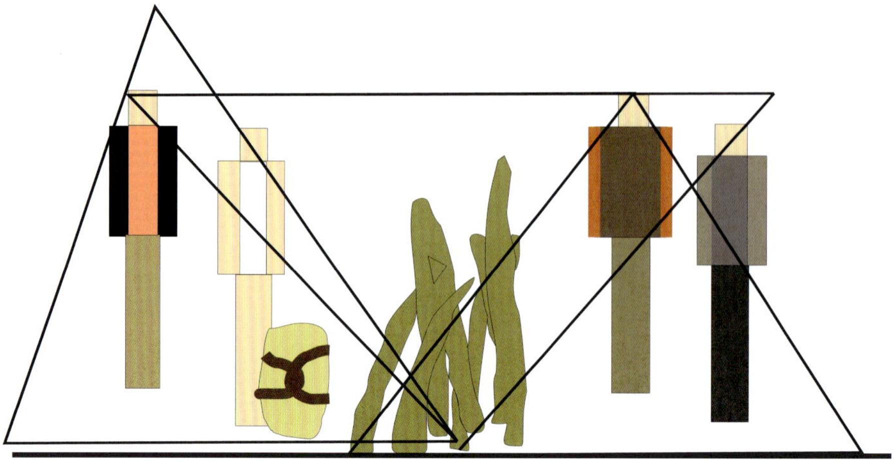

图 6-8　橱窗的复合三角构成、模特排列重复

（2）视觉手法

平面构成：复合三角、模特排列重复原则（图 6–8）。

（3）演绎手法

首先通过仙人掌、旅行箱等道具演绎撒哈拉沙漠探险主题，进行视觉吸引。

再通过拟人模特的整体着装搭配，传递时尚信息，引导消费者的生活理念，享受工作和生活的快乐。

（4）卖场橱窗陈列综合分析

优点：拟人模特造型和品牌风格相吻合，橱窗主题明确，氛围营造简洁鲜明，风格突出，重点照明效果较好，服饰整体搭配和谐。

问题：橱窗为通透式，与卖场关联性不够。

改进：建议在橱窗后部的卖场区域陈列与橱窗主推有关联性的商品，在色彩、款式风格上形成呼应，给顾客更强烈的感触，从而达到吸引更多顾客进店的目的。

（5）橱窗 / 形象主题关联

店内橱窗 / 形象主题关联区域、产品品类和价格线。

街头舒适：毛衣、羽绒、牛仔裤。

商品价格线：599 ～ 1299 元。

店内橱窗 / 形象主题关联产品陈列道具与陈列手法：仙人掌、美式橱窗、颜色呼应、对称原则。

图 6-9　店面形象（1）

图 6-10　店面形象（2）

综合分析

优点：橱窗形象区橱窗服饰搭配符合品牌定位；形象区创意独特；橱窗与形象区关联性强。

问题：区域划分 / 卖场区域划分。区域划分不明显，卖场内主推款不明显，两个品牌衔接处没有明显的提示。

改进：卖场产品区域划分明显，主推款突出，卖场 POP 指示明确。

五、陈列维护分析

1. 店面形象维护（图 6–9、图 6–10）

（1）店面硬件环境形象：LOGO 醒目、无破损，入口宽敞且无阻碍，橱窗通透明亮，地面洁净。

（2）店面商品形象：品类齐全、色彩丰富、有故事与主题、风格符合品牌定位。

2. 店内形象维护

（1）店内硬件环境形象：音响设备完好且正在使用，收银台整洁无杂物，休息凳摆放整齐，试衣间整洁无杂物，每间均有一套正挂出样，搭配风格统一。

（2）店内商品形象：按系列分区展示，畅销品类重点集中展示，模特、正挂为主推新品展示，侧挂、叠装维护及时，配件品类丰富，有集中展示区。

3. 器架道具维护

陈列器架形象维护：店内器架摆放整齐，无缺损，陈列器架的功能维护及时，模特、展示台、挂通、衣架使用正常，无损坏。

4. 照明与设备

（1）卖场灯光设备基础照明功能维护：店内照明良好。

（2）卖场灯光设备重点照明功能维护：POP 海报、橱窗、模特、展台均有灯光照射，墙上半部的正挂有射灯照明。

（3）卖场灯光设备装饰照明功能维护：照明良好，无损坏。

5. 店员表现

（1）店员形象表现：统一着装，化淡妆，主动迎接，一对一微笑服务，态度热情。

（2）店员陈列表现：陈列维护及时。

综合分析

优点：整体形象统一，主题清晰，区域划分有序。照明规范，重点突出。

问题：陈列维护不及时，展台有杂物，部分叠装凌乱，部分挂装吊牌外露。店员服务过于热情，不会根据不同顾客类型实施相应服务。

改进：增强店员品牌形象意识，区域责任划分需明确，陈列维护要及时考核。通过培训增强店员的服务水平，了解不同顾客的服务需求。

课后练习

一、填空题

1. 卖场陈列调研作用是：________________、________________、________________、________________、________________等。

2. 通过卖场陈列的调研，可以了解并掌握目标品牌的__________、__________以及__________、__________。

3. 资料采集的 __________ 和 __________ 对调研分析的科学性产生着直接的影响，而采集资料的 __________ 直接依赖于信息采集的 __________。

4. ____________ 强调企业应灵活运用多种方式来收集卖场陈列的相关信息。

5. 成交率是 ____。

6. 市场调研报告的结构应包括 ____________、____________、____________ 以及 __________ 等关键内容。

二、选择题

1. 卖场陈列调研原则是（　　）。

A 客观原则

B 系统原则

C 科学原则

D 实用原则

2. 卖场的环境分析包括（　　）。

A 卖场所处城市

B 卖场所处商圈

C 周边客户及购买力分析

D 地区功能性分析

3.（　　）是调查报告正文包含不了或没有提及的，是对正文报告的补充或更详尽说明。

A 结论与建议

B 目录

C 概述

D 附件

4.（　　）的深入调研可以反映终 端卖场的陈列相关人员的陈列执行情况。

A 陈列维护

B 卖场客流

C 卖场陈列

D 卖场空间规划

5.（　　）为卖场陈列调研反馈的风格主题是否准确提供依据。

A 卖场的环境分析

B 品牌风格及理念的调研和界定

C 卖场色彩手法的运用分析

D 店堂音乐和气味分析

三、思考题

1. 请调研一家服装品牌店铺的线上和线下陈列效果。

2. 调研一家综合品牌的店铺（同时销售女装和男装），分析女装和男装陈列对顾客体验的影响。

Recommend

推荐书目

《服装市场调研》

刘国联主编的《服装市场调研》，于 2018 年 1 月由东华大学出版社出版。该书讲解了服装市场调查的基础原理与操作实务，分为基础篇与实务篇。基础篇讲解了市场调查的基本原理与方法，主要包括市场调查基本原理、服装市场调查方案策划、市场调查方法、调查资料的整理与分析和调查报告的撰写等。实务篇以案例分析和实践指导为主，包括服装消费市场调查、竞争市场调查、营销组合调查、流行趋势调查、卖场调查和品牌调查等专题内容。该书既具有基础理论内容，又具有较好的操作指导性，可以让学生掌握服装市场不同类别调研的流程和方法，提高调研技能。

《纺织品服装市场调研与预测》

胡源主编的《纺织品服装市场调研与预测》，于 2019 年 2 月由中国纺织出版社出版。该教材主要包括纺织品服装市场调研和预测两部分内容。市场调研部分主要包括调研方案的设计、调研方法、问卷设计、抽样、数据分析等，预测部分主要包括定性调研和定量调研。该教材重点对时间序列预测法、马尔可夫预测法、季节预测法以及回归预测法进行了解读。通过学习该教材，读者可以系统、完整而深入地掌握调研和预测知识，能够熟练地、高效地在纺织品服装市场展开与之相关的工作。

7 〉项目七 卖场专题陈列

〉项目引言

卖场专题陈列是前期学习成果的综合运用，包括女装、男装、童装和运动休闲装陈列。优秀的专题陈列能够精准传达品牌所要传达给消费者的信息，促进消费，并能提升服装品牌文化。

本项目的知识目标为掌握女装陈列、男装陈列、童装陈列、运动休闲装陈列的特点及陈列方法。能力目标是通过掌握专题陈列的全流程，能够针对不同风格的服装品牌进行具体的卖场陈列设计，进而实施陈列设计方案。素质目标是培养独立学习、主动学习的探究精神，养成自觉整合信息资讯，并合理运用的习惯；能主动参与小组活动，积极与组员沟通，养成良好的团队合作意识。

本项目任务如下。

任务九：

品牌女装 / 男装 / 童装 / 运动休闲装卖场陈列设计和实践。

〉项目实施

任务九：

品牌女装 / 男装 / 童装 / 运动休闲装卖场陈列设计和实践。

1. 任务目标

通过实际训练，学生可掌握不同服装卖场陈列特点与陈列方法，并具备完成服装卖场陈列方案设计与实施的能力。

2. 任务学时（表 7–1）

表 7–1　任务学时安排

	技能内容与要求	参考学时	
		理论	实 践
1	任务导入分析	2	—
3	卖场陈列相关信息收集与整合	—	2
4	卖场陈列方案设计	—	12
5	卖场陈列实施	—	8
合计	—	2	22

3. 任务基本程序及考核要求

（1）分组安排：每组 3 ～ 4 人。

（2）任务分析：对已获得的校企合作项目或教师自拟任务进行分解，通过调研和资料搜集，充分了解其品牌历史、理念、风格、陈列等的相关信息以及合作品牌历次陈列方案，掌握任务要求。

（3）卖场陈列相关信息的收集与整合：服装品牌卖场陈列规范及陈列流行趋势调研。要求：调研内容详实，搜集的资料和信息真实有效，对服装品牌陈列方案的设计开发有一定的参考价值。

（4）卖场陈列方案设计：通过对任务分析及陈列调研，为服装品牌卖场开发设计方案。要求：充分组合陈列服装卖场现有货品和道具等，卖场陈列设计主题明确，分区合理、色彩协调，整体感强，有创意。

（5）卖场陈列实施：产品、道具、灯光、海报等的组合搭配陈列。

（6）卖场陈列效果分析：跟踪卖场陈列后销售情况，分析陈列效果，并优化方案。

（7）任务综合评价和总结。

〉项目达标记录

〉项目总结

学习资料索引

扫码学习
服装店铺
基础数据

扫码学习
服装店铺
数据应用

扫码学习
资深陈列师
讲数据

知识点一：女装陈列

一、女装分类

陈列师作为设计师梦想的终端传递者，在进行陈列设计时，必须慎重考虑服装的风格，使陈列和服装风格相得益彰。从陈列角度来看，女装在经营上以设计师品牌为主，强调设计创意。在造型、选材和制作方面，女装融入了大量的创新意识和审美元素，强调文化品位和内涵（图 7–1）。

在当前的服饰文化中，女装设计展现出了丰富多变的面貌，其中，以经典风格为核心，衍生出了多样化的风格流派。经典风格女装以其相对成熟稳重的外观特征，赢得了广大女性消费者的普遍认可，它强调服装的穿着质感与品位。进一步细分，经典风格可被划

图 7–1　用片片丝绸吊成云朵，小方块搭成连绵小山，突出品牌坚持重品质而非物质的价值观，回归质朴的品牌理念

分为知性风格与优雅风格两大类别。

知性风格追求严谨、高雅、文静而含蓄的感觉，用料高档，个性优雅，精致成熟，体现为高度和谐的风格特征，强调整体着装的统一性，较少使用夸张、烦琐的装饰。正统的西式套装是知性化风格的典型代表。目前市场上的通勤风、OL 风、学院风都属于经典风格的演化。

优雅风格着重表现成熟女性的脱俗考究、优雅稳重的气质风范，具有较强的女性特征，时尚感较强，外观与品质较华丽，讲究细节设计，强调精致感，廓形设计上顺应女性身体的自然曲线，流行形象也是选择高尚、保守、穿着得体的形象（图 7–2）。其中，甜美优雅的瑞丽风格、淑女风格、韩版风格、洛丽塔风格也归属于优雅风格。

图 7–2　香奈儿品牌橱窗陈列体现出自然清新、优雅宜人的淑女风范，其陈列运用放大的蕾丝呈现出柔美的淑女陈列风格

二、女装陈列的特点

女装往往被设计师赋予不同的文化内涵。不同风格的女装反映不同的品牌文化理念、生活理念，对应不同的服饰款式。在做具体的卖场陈列时，陈列师可以通过主题陈列、个性化陈列、动态生活陈列等方法体现不同服装品牌风格，以便更好地把品牌特有的信息传达给消费者，从而提升品牌魅力。

女装陈列以反映服装的流行性和时尚性为主，追求变换，常变常新，表现出活力、细腻、风趣和韵味。尤其在色彩上，女性反应敏锐，如粉色代表浪漫、红色代表热烈、蓝色代表宁静，而白色能营造轻松又柔和的氛围，灰白色和米白色有着优雅沉静的感觉（图 7–3）……这些都是女装喜爱的颜色，因此，陈列师做

图 7–3　柔和的、优雅的无彩色系陈列

图 7-4 优衣库女装不同色系搭配方案

女装陈列设计时，需要着重考虑色彩的分区（图 7-4），注意通过色彩搭配吸引女性消费者的目光。当然，在具体进行陈列操作时也应注意颜色的搭配与布局，避免使用过多的颜色，以免造成视觉上的混乱，可以采用一些对比色或相近色来进行搭配，以提升整体的视觉效果。

三、品牌女装的陈列要点

（一）卖场陈列要点

卖场陈列是女装展示的关键，消费者通过卖场对品牌形成整体印象。陈列师要在深入了解当季服饰的基础上，对卖场进行整体规划、分区，并精心调整模特、灯光、色彩和道具，以达到最佳展示效果。

1. 整体布局规划陈列

对卖场整体陈列区域进行规划，并制定全面的陈列方案；在整体布局初步确定后，应细致检查以确保卖场陈列区域与品牌的文化主题相契合。

2. 细节陈列

细节陈列指的是服装与道具的合理搭配与组合。通过巧妙地组合和搭配服装、色彩及装饰道具，提升卖场高级感和时尚度，从而增加产品的附加值。“细节决定成败”，细节是女装卖场陈列与维护的关键所在。

3. 场景化陈列

场景化陈列是一种陈列师能够充分发挥个人创意的陈列方法。通过对人模着装进行生活化处理，例如模拟动态时关节处服装折叠效果，让模特陈列显得更加生动。此外，利用生活化道具制造具有故事情节的场景化陈列，能够引起消费者共鸣（图 7-5）。

图 7-5　强调空间场景化的卖场陈列

图 7-6　单款陈列

4. 休闲陈列

即使陈列对象是高档形象或正统的款式，休闲风格的道具布局也能够在原有服饰设计上增添一份可爱与俏皮感，营造出轻松活泼的氛围，从而提升品牌的风格和设计文化。因此，陈列师在卖场陈列时，应合理搭配相应的道具，以营造轻松休闲的购物氛围。

5. 重点陈列

流行款式永远是品牌推广的重点，它能充分体现品牌风格和当季产品主题。在陈列卖场时，陈列师应充分考虑对当季流行主题款的重点陈列，以此促进当季流行服饰的销售，并推动服饰品牌文化的推广宣传。

6. 单款陈列

单款服饰主要用于对卖场盲区进行补充陈列。这类服饰通常是店内次重点推广的款式，需确保其色调与卖场的整体色彩相协调。陈列师应根据具体空间进行合理布局，应避免片面追求款式丰富而导致的杂乱无章，以免损害品牌形象（图 7–6）。

7. 双款组合陈列

采用两个着装不同的模特进行陈列，这种陈列适用于突出对比陈列的重点服饰，能够有效弥补单款陈列与重点陈列的不足。为了充分展示双款组合陈列的效果，卖场的使用面积通常不宜小于 $50m^2$。

（二）道具陈列要点

道具在女装陈列所占的位置不亚于主体服饰。一般来说，女装的卖场道具陈列方法有以下三种。

1. 系列道具组合陈列

通过使用一系列道具进行陈列，确保道具展示与卖场的整体风格及服装的品牌风格相协调，巧妙融合，以增强陈列效果（图 7–7、图 7–8）。

2. 饰品陈列

饰物本身便具备显著的展示功能。饰品在陈列时，有组合搭配与陈列陪衬的双重效果，

图 7–7　老式的电视机、老式的收音机构成的一组道具（1）

图 7–8　老式的电视机、老式的收音机构成的一组道具（2）

图 7–9　包与鞋的混合陈列

图 7–10　节日橱窗展示（1）

图 7–11　节日橱窗展示（2）

能起到提升陈列效果的作用。

3. 包与鞋的混合陈列

在女装卖场的陈列中，包与鞋是最常见的陈列组合。它们既作为商品，也充当陈列道具，不仅补充了陈列细节，也提升了服装品牌的档次，从而使卖场的陈列显得更加丰富且层次分明（图 7–9）。

（三）节日的陈列要点

女装的节日陈列与日常陈列差异不大。由于大多数品牌不会专门开发节日的服装，因此，陈列师需以日常陈列为基础，加入绚丽的灯光、节日特色的道具和时尚的海报等来营造节日气氛。具体操作时，应注意以下三个要点。

1. POP 广告与大型宣传海报

在卖场内外应合理摆放、张贴或悬挂不同尺寸的 POP 广告、宣传标语和海报，以卖场空间及陈列区域为依据进行布局。

橱窗是节日女装陈列的重点区域。陈列师针对节日主题应当进行专门的橱窗方案设计。同时，节日橱窗展示也可以融合 POP 广告与宣传海报，以增强节日氛围（图 7–10、图 7–11）。

2. 灯光

节日来临之际，应调整卖场灯光的位置和改变灯光的色彩。安装灯光时，应选用便于移动或更换的灯具装置。这不仅节省了卖场灯光的安装成本，还便于陈列师根据需要变换灯光效果。节日灯光的氛围应基于品牌日常风格，并遵循卖场整体的节日陈列方案来营造。陈列师在制定节日陈列方案时，应合理规划并明确灯光陈列的具体标准（图 7–12、图 7–13）。

图 7–12　圣诞节灯光设计（1）

图 7–13　圣诞节灯光设计（2）

图 7-14　春季橱窗道具设计（1）

图 7-15　春季橱窗道具设计（2）

3. 道具

由于缺乏专门的节日服装款式设计，陈列师在陈列过程中可以利用与节日主题相关的道具与饰物来弥补这一缺陷，从而充分发挥这些道具和饰物作为“第二服装”在服装卖场陈列中的补充和提升作用（图 7–14、图 7–15）。

知识点二：男装陈列

一、男装分类

男装的分类方法历来多样，本知识点将主要从陈列的角度，详细阐述男装的几种分类方式。

（一）按品类分类

严格来说，男式服装并非泛指所有男性服饰，而是专指西服正装、礼服等正规服饰。随着服饰观念的变化，其涉及的品类有所扩大，但仍然限于社交和商务场合的服饰。社交场合的男式服饰，其款式经典，注重品质，造型成熟且传统。商务风格的男装则适合商务工作环境，其款式造型和搭配介于正装与休闲之间，既严谨又不失灵活性。

（二）按产品档次分类

1. 高档男装

高档男装指的是设计、材料和制作等基本构成要素呈现出的高标准组合的男装。

2. 中档男装

中档男装指的是设计、材料和制作等基本构成要素呈现出的一般标准组合的男装。

3. 低档男装

低档男装指的是设计、材料和制作等基本构成要素呈现出的低标准组合的男装。

不同定位的男装产品，其陈列方式也各有差异。例如，法国都彭品牌以生产高级皮件、贵金属以及精致珠宝等配件起家，被誉为极致的经典。因此，都彭男装的陈列策略是以配件衬托出品牌的低调精致和品位至上，这无疑是男装陈列的有效方法；而雅戈尔男装品牌融合了时尚与经典的设计风格，虽然没有华丽的外表，却不失时代气息，因此，在陈列中常以成熟稳重、简洁中显高雅的风格呈现。

二、男装陈列的特点

与女装相比，男装陈列一般不需要过多陈列手法，关键在于展现产品的大气磅礴、高雅尊贵、简约休闲或沉着稳重的风格特点。在男装卖场陈列中，陈列师不仅需要关注服装风格和品牌文化的诉求，还要准确把握男性服装色彩中明暗对比的差异。厚重的陈列形象普遍更受欢迎，胜过轻薄的形象。然而，考虑到购买男装的顾客常常有女伴陪同，因此，陈列师在陈列时，需兼顾视觉冲击力和感性吸引力，同时可以利用领带、衬衫等色彩丰富的商品进行形象展示，以吸引女性顾客的注意。

在陈列手法上，陈列师应巧妙利用正挂与侧挂的合理配置，增添生动感，以避免卖场显得单调。陈列桌或货架上的衬衫可与领带搭配展示，以促进连带销售。在明确品牌定位和产品风格的基础上，男装陈列应通过适当的陈列手法来展现产品的价值感。为了体现产品的价值感，陈列师可以从以下方面着手：优化卖场灯光，合理规划产品的陈列组合，确保色彩协调，保持货品陈列的整齐度、平衡感以及产品良好的熨烫效果等。

1. 休闲装和正装分区

在男装陈列中，风格主要分为休闲和正统两大类。合理的卖场分区应体现出整洁与大气的氛围。如果衣物混杂无序地陈列，可能会给消费者留下低端的印象，从而损害品牌形象。不同季节下，休闲服装与正统服装的陈列位置应有所区别，需根据季节变化和货柜的具体位置进行适当调整。

2. 良好的摆放和整齐的陈列

确保服装陈列整齐无褶皱，避免混乱。每件服装在陈列架上应保持适当间距，以便顾客清晰观赏每一款式，进而营造出大气高端的视觉效果（图 7–16）。

图 7-16　整齐的男装陈列空间

图 7-17　当男装卖场服装商品的色彩较单一时，也可以利用道具、货柜的颜色进行搭配，达到男装卖场陈列色彩和谐效果

图 7-18　考究的男装陈列

3. 强调品质和细节

与女装多样的款式和细节相比，男装陈列更侧重于展现服装的质感和搭配细节，以创造层次丰富的视觉效果，这也是男装卖场陈列的关键之一。然而，许多卖场往往忽视这些细节，例如在陈列西服时，有的卖场未能搭配衬衫和领带，导致整个货柜的色彩显得单调，缺乏明暗对比；此外，将休闲裤与正统鞋搭配等不当搭配行为，都可能削弱顾客对品牌的认同（图 7–17）。

4. 陈列手法要考究

一场完整的陈列，造型的重要性占到了 50%。尤其是商务男装的陈列手法更为讲究，需要既生动又内敛，避免过于张扬，同时追求优雅、高级和适度的完美结合（图 7–18）。

5. 舒适的服务空间

提供宽敞的试衣区域，配备全身镜和舒适的座位。尤其是购买高端西装，顾客往往需要更多的时间来试穿，因此，提供充足的试穿空间和良好的体验尤为重要。针对高端客户，应设立 VIP 区域，并提供个性化的服务和定制化选项。这种独特的体验会让顾客感到特别，从而增加他们的忠诚度（图 7–19）。

图 7-19　男装店铺服务空间

三、品牌男装的陈列要点

（一）男装卖场陈列要点

男装品牌应体现男士稳健的个性、豪迈的气度以及深沉的气质，并着重传达品牌文化与营销理念。男装陈列师需深入分析男性的心理，把握男装所传达的理念，通过简洁、干练的设计风格直观展现品牌的内涵，以实现完美陈列效果（图 7-20）。

1. 稳健陈列

在橱窗的陈列中，陈列师应运用多种手法体现男装服饰的稳健风格。稳健陈列法主要是针对男性在商务或正规等正式场合的情景模拟。这些场合的陈列模拟能体现出高品位和稳重的男性特质，这正符合大众对有绅士风度男性的审美期待（图 7-21）。

图 7-20　此橱窗陈列不同于传统“欧洲绅士”保守、正统、含蓄的形象，折射出美式热情、奔放、浪漫、雄心勃勃，注重对品质生活的追求，同时富有爱国精神、家庭观念和独特精神的男士形象

2. 饰品陈列

饰品与服装搭配的陈列方式与女装陈列相似。这些饰品多为男性用品或具有标志性的商品，既具有商品性也具有展示性。陈列师应充分把握这一特点（图 7–22）。

3. 正装与道具结合陈列

正装与道具的结合在男装陈列中经常可以看到。这是一种用寓意的方式来表达特殊陈列意图的方法，已成为许多资深陈列师常用的方法。它能够全面而直观地表达服饰设计理念（图 7–23）。

图 7–21　稳健陈列

图 7–23　正装与道具结合的陈列法

图 7–22　饰品与服装搭配陈列

图 7–24　简约风格陈列

图 7–25　生活行为陈列

4. 简约风格陈列

简约风格是男性追求的一种着装态度，在简约风格陈列当中体现男性的大度与阳刚之气，不需要太复杂的道具。简约风格陈列法对色彩与灯光的要求都比较高，如果这些方面未能达到标准，陈列效果将会大打折扣（图 7–24）。

5. 生活行为陈列

以男性的生活行为作为陈列要素，不但能够充分体现男装的特点，而且也是品牌表达自身设计风格的重要方法。生活行为陈列需要将卖场空间进行生活化的装饰，对灯光与道具的应用会比较多，目的是形象、逼真地体现出男性的生活特性（图 7–25）。

6. 重点陈列

根据服饰的档次与设计理念，挑选体现当季特色的代表性款式进行陈列，并同步推广其销售卖点。重点陈列可以结合主题陈列法，从而丰富卖场的陈列内容（图 7–26）。

7. 组合陈列

男装的组合陈列分为两种方式：一是道具组合陈列法，适用于卖场的局部展示；二是陈列手法的任意组合，通常针对卖场的整体布局。在卖场空间宽敞的情况下，采用任意组合陈列法能增强展示效果，这种方法特别适合用于整体陈列方案中的特定主题区域，并常与卖场举办的活动相结合（图 7–27、图 7–28）。

8. 比例陈列

在男装卖场中，应适当控制陈列道具与服饰的比例。道具所占的比例和空间应根据季节及主题的变化进行相应调整，确保道具与服饰的比例不超过 50%，以保持卖场的简洁与清爽（图 7–29）。

图 7–26　重点陈列

图 7–27　组合陈列

图 7-28 挂、叠陈列手法组合陈列

图 7-29 宽敞大气的男装陈列

在陈列区域，服饰的比例应保持均衡，男装服饰的特点在于款式多而数量相对较少。若忽视陈列规范，将服饰全部都挂在卖场，会导致卖场空间拥挤而杂乱，直接降低陈列效果与服饰的档次。

男装卖场的陈列大多采用前述方法，陈列师在策划陈列方案时可以根据品牌的风格设计进行自由组合。陈列方案的制定应基于对上述方法的全面了解和熟练掌握，这样才能在实际操作中游刃有余，展现出深厚的功底。

（二）道具的陈列要点

女装陈列道具通常富含浓厚的生活气息，而男装卖场的陈列道具则更侧重于展现男性的坚毅与理性。男装陈列道具既可以是生活化的，也可以是商务化的，且系列化的男装道具在设计上应保持一定的传承性，以维护和弘扬品牌文化。频繁更换道具不仅会增加陈列成本，还可能导致道具风格混乱，从而产生事倍功半的后果。

男装道具陈列在卖场当中有四种基本方法。陈列师在进行主题设计时可以参考，也可以组合使用以达到道具陈列对服饰品牌风格与文化的诠释作用。

1. 生活空间陈列

运用仿真植物、生活用品、商务品与机械器具等元素，营造出消费者理想中的生活空间，以此引发消费者与品牌忠实的追随者的共鸣（图 7-30）。

2. 制作道具陈列

利用精心制作的道具进行陈列，更能凸显服饰的品位与档次，激发消费者丰富的想象力，从而加深对品牌的印象。

定制的道具通常用于橱窗、卖场的正面陈列区域，而在其他区域则辅以小型道具进行点缀，例如在模特的身上放置尺子、小剪刀、线圈等小物件，这样可以为整个卖场营造出生动活泼的生活气息（图 7–31、图 7–32）。

3. 服饰品道具陈列

男装与女装的饰物道具均具备双重特性，即商品属性和陈列功能。在男装卖场陈列中，诸如包、鞋、表、打火机以及领带等物件，均可作为展现服饰风格的道具（图 7–33）。

4. 家庭化道具陈列

这是一种创新的男装陈列方式，是指陈列师在设计方案时从家庭生活的氛围中寻找灵感，利用家庭日用品进行陈列（图 7–34）。

男装陈列道具的使用技巧颇多，陈列师需具备深厚的生活经验和艺术想象力，以满足道具使用的陈列需求，从而提升陈列效果。

图 7–30　生活空间陈列

图 7–31　小型道具陈列

图 7–32　小道具的堆砌并不是随意摆放的，而是要符合橱窗的构图需要和设计需要

图 7-33　服饰品道具陈列

图 7-34　家庭化道具陈列

（三）节日的陈列要点

卖场外部布局与内部氛围的营造是节日陈列的两个关键手法。男装的节日陈列与女装节日陈列的方法大同小异，在此不再赘述。

知识点三：童装陈列

一、童装分类

童装是指为不同年龄阶段的儿童设计的服装，涵盖婴儿、幼儿、学龄儿童直至少年等年龄段。

（一）按年龄分类

按年龄分类即依据儿童的年龄阶段对服装进行划分，可将儿童成长期大致分为四个阶段：2 岁以下为婴儿阶段，3 ～ 6 岁为幼儿阶段，7 ～ 10 岁为学龄儿童阶段，11 ～ 15 岁为大童年龄阶段（图 7–35）。

（二）按着装风貌分类

1. 休闲风貌

休闲风貌是指舒适、实用、轻便型的着装。具有代表性的配套童装是多种印花 T 恤衫和功能休闲裤。运动服功能性的设计理念大量运用到这类服装之中，牢固的针脚、细节的变化是这类服装的特点（图 7–36）。

2. 运动风貌

运动风貌是指活泼、健康、机能性很强的着装，把运动和游玩的感觉引入童装的设计理念，使运动风貌的童装既具有运动服的功能性，又穿用方便，再加上极富活动性的特点和对比配色，是儿童十分喜爱的着装方式（图7-37）。近年来，都市生活节奏的加快让人们更加向往自然，户外野趣风格服饰应运而生。它保留了户外装备的功能性，同时在设计上融入时尚元素，兼具功能性与潮流感，满足户外运动与日常穿搭的需求。这一风格强调自然与冒险，为孩子们提供了既实用又时尚的户外服饰（图7-38）。

3. 学府风貌

学府风貌是指富有知识、教养和城市感的着装，有着简洁干练、干净利落的直线条，给人以斯文的着装印象。这一风格在童装中保留了传统的西装制服、Polo衫及半裙等设计，同时加入了张扬的元素，体现现代学生的元气与活力。目前，随着国家对中小学生礼仪教育的展开，校服的设计备受重视，已成为童装中的重要服饰品种（图7-39）。

图7-35 ZARA童装卖场婴儿装与其他童装分区陈列

图7-36 休闲风貌童装

图7-37 运动风貌童装

图7-38 户外服饰

图7-39 学府风貌童装

4. 新中式风貌

随着民族文化自信的提升，国潮文化走入日常生活。新中式风格巧妙融合传统元素与现代设计，中国传统色彩和流苏、提花等工艺让新中式风格拥有了独特的韵味。消费者对汉服、民族服饰的偏好推动了这一风格的流行，让它不仅在特殊节日中备受青睐，更成为日常穿搭的一部分。

从整体品牌童装市场来看，休闲风貌是现在童装的整体趋势。在款式设计上，童装风格趋向成人化、时装化。很多品牌的童装产品，看上去就是成人装的缩小版，风格和路线与成人装很相似，尤其是那些由成人装品牌延伸至童装品牌的企业，比如依恋、欧时力、耐克等品牌，在其童装的专柜中，这类情况比较突出（图 7–40）。而部分品牌的婴童装和小童装还是以可爱和童趣为主，卡通图案是这些品牌常用的设计元素（图 7–41）。

图 7–40　PAUL & SHARK 品牌童装的休闲服装风格

图 7–41　可爱的小童装

二、童装陈列的特点

童装的设计理念简洁明了，在表现上简单、直观，很少有成人服饰的生活内涵或者意境。因此，童装陈列主要考虑儿童的心理特点，采用充满童趣的表现方式，以此来吸引儿童，并从情感上俘获儿童父母的心，从而达到视觉营销的最终目的。

图 7–42　色彩淡雅、模特造型富有童趣的橱窗陈列

童装陈列应基于适合不同年龄阶段儿童的特点，强调色彩、面料材质和设计的协调性组合。在陈列设计中，童装的主要表现形式是色彩语言的运用。此外，模特

的肢体语言和表情应丰富多样，以使陈列方案在执行时更加出色（图 7–42）。

对于童装品牌，陈列方案在运用技术属性时，应考虑陈列主题与品牌定位的匹配。针对主题商品，应采用重点陈列策略塑造其形象。若能确保主题商品展示均衡、和谐、富有趣味且形象鲜明，店铺空间将显得生动活泼，从而产生强烈的吸引力。

三、品牌童装的陈列要点

（一）卖场陈列要点

目前，童装卖场陈列已趋于规范化，其设计应依据陈列主题和品牌定位进行。以下是一些当前流行的陈列方式。

1. 层次陈列

童装的层次陈列主要考虑儿童的生理特点，采取类似琴键节奏感的布局方式，使得卖场中的服饰款式更能有效地展现不同年龄段的消费层次（图 7–43、图 7–44）。

图 7–43　模特空间的层次感陈列（1）

图 7–44　模特空间的层次感陈列（2）

设计的装置结构和道具应在实际操作中充分发挥展示的辅助功能，以营造合理、流畅且具有强烈引导性的展示空间。通过增强引导性因素，激励消费者参与店内销售活动，这符合现代消费者购物心理，并在无形中提升销售效果。

2. 重点陈列

重点陈列旨在展示服饰款式的流行与受欢迎程度，它是童装产品推广的关键陈列手段。通过这种陈列方式，可以全面传达品牌的理念，并且所用的道具在造型上应凸显儿童的活泼与可爱（图 7–45）。

图 7–45　重点款式推荐陈列

3. 主题陈列

主题陈列的目的是展现品牌独特的设计理念与对儿童心理的理解，在童装的陈列中，其表现形式多样。在实施主题陈列时，陈列师可以将其与重点陈列方法相结合，根据季节变化与主题的不同进行相应的调整，从而在视觉上吸引消费者的注意，激发其购买的欲望。主题陈列应确保消费者从任何角度观看都能产生强烈的视觉冲击，这是主题陈列达到的最佳效果（图 7–46）。在实施主题陈列时，应注意以下几点：

（1）灯光是诠释主题最好的道具，利用灯光进行气氛的烘托，进而营造出明确的气氛主题，使陈列效果事半功倍。

（2）童装主题陈列所选用的装饰道具应与主题保持一致。

（3）童装主题陈列设计应确保色彩的表现与主题吻合。

图 7–46　机车主题陈列

图 7–47　童趣生活模拟（1）

图 7–48　童趣生活模拟（2）

图 7–49　场景陈列

4. 童趣生活模拟

童趣生活陈列是一个非常具有代表性的童装陈列方法。童装的生活化陈列，主要是模仿儿童在生活当中各种可爱的造型与动作。这种陈列方式，能够体现出陈列师不同的创意，增加儿童的认同感和归属感，引起儿童对该品牌的喜爱。生活化橱窗陈列对于道具的选用与场景的设计要求较高。陈列师在进行陈列方案设计前，要善于观察儿童生活，发现细节处理上的独特之处，使橱窗陈列更加具有活力和生命力（图 7–47、图 7–48）。

5. 场景陈列

场景陈列是在一个特定陈列主题下，通过灯光和道具组合设计及实施，将卖场整体或局部改变成具有故事性的场景。大型场景能带来强烈的震撼效果，在观赏的过程中不仅能加深对品牌的了解和喜爱，还能有效提升品牌的影响力（图 7–49）。

（二）道具的陈列要点

童装卖场道具大多是儿童日常生活中的用具。

1. 童趣玩具陈列

主要使用儿童玩具或者模拟儿童玩具的造型或色彩，运用童稚审美标准以及抽象艺术设计陈列方案，营造温馨、有趣和亲切的氛围，让儿童和家长感受到愉悦和舒适（图 7– 50、图 7–51）。

2. 童装饰物陈列

童装饰物具有双重属性：一是作为商品的一部分，二是作为陈列道具。

图 7–50　迪士尼童装和学习用品、玩具的组合陈列

图 7–51　抽象道具陈列

3. 互动性陈列

为便于儿童轻松接触和观看，应合理控制道具的高度。设计互动性和参与性较强的道具，例如游戏道具、互动装置等，可使儿童参与到陈列过程，从而提升购买参与度和购买决策体验。当然，陈列时必须确保儿童安全，避免使用尖锐、硬质和易碎的展示器材，以防儿童受伤。

（三）节日的陈列要点

节日对儿童具有极大的吸引力，每一个孩子都对节日充满了无限的期待和丰富的想象。考虑到儿童的心理特点，童装品牌在节日服饰的研发和生产上投入了大量精力。在陈列方式上，童装陈列远比成人服饰更为丰富，没有任何一个品牌愿意错过这样的商业机会。

图 7-52　迪奥童装的节日场景陈列

1. 节日主题陈列

圣诞节是欧美国家各服饰品牌陈列的工作重点，春节则是中国服饰品牌陈列的工作重点。针对不同节日，陈列方案设计要体现节日文化特点，并且根据节日色彩调整卖场的环境。

2. 节日场景陈列

在欧美国家，童装品牌高度重视节日陈列，通常会加大陈列成本投入，通过场景陈列法来营造节日欢快的氛围。品牌重点开发的节日服饰，将主要陈列于卖场重点陈列区和橱窗中，以展现节日特有的着装文化（图 7-52）。

知识点四：运动休闲装陈列

一、运动休闲装分类

由于现代人生活节奏的加快和工作压力的增大，人们在业余时间更愿意追求一种放松、悠闲的心态与生活方式，反映在服饰观念上，便是越来越漠视习俗，不愿受潮流的约束，而寻求一种舒适、健康、自然的新型外包装。因此，运动休闲服装便以不可阻挡之势侵入了正规服装的世袭领地。消费者选择运动休闲装的目的有三：一是为运动而穿；二是为提高运动成绩；三是穿着运动装可以体现身体和精神上的健康、勇敢和一往无前的气魄，尤其是那些由国际知名运动健将代言的运动休闲品牌更是受到了消费者的青睐。运动休闲并非另一种生活方式，而是人们对久违了的淳朴自然之风和健康身心的向往。

目前市场上，运动休闲品牌大致可以分为休闲装、时尚运动装和专业运动装三大类。休闲装适用于人们在无拘无束、自由自在的休闲生活中穿着，展现出简洁自然的风貌，并强调产品的品质。时尚运动装则侧重于对时尚元素和功能性综合表达。专业运动装则是为专业体育运动竞赛设计的功能性服装，它根据不同运动项目的特定需求进行设计制作，主要突出专业运动性能的展现。

二、运动休闲装陈列的特点

运动休闲装分类虽然不同，但其陈列总体上还是呈现一些共同的特点。这些特点与货架材质、灯光的选用以及产品自身特点等要素都密切相关。

运动休闲装卖场陈列涵盖了男装、女装、鞋、包、围巾、帽子、太阳镜等多种商品。商品类别、数量、规格的多样性意味着陈列工作需谨慎，以防卖场显得杂乱。因此，陈列师应遵循陈列的原则，依照商品的品类、尺寸、系列等进行规范陈列，以营造舒适愉悦的购物氛围。运动休闲装的色彩以原色或鲜明色调为主，这些色彩传递出自然、活力与生动的感觉；在陈列时运用补色对比，可以增强视觉效果。运动休闲装卖场在入口处设有陈列桌，中部摆放货架，后方则是墙面陈列，合理利用空间，构建有序的层次感，是运动休闲装卖场陈列设计时应该重点注意的问题。

运动装的宣传通常围绕体育精神和人类超越自我、追求卓越的形象展开，以迎合消费者对英雄主义的崇拜。运动装卖场陈列时，应将销售的产品类型与相关体育项目相对应，打造独特的卖场特色，并进行合理分类，同时，应重视主题风格的营造和色彩区域的划分。

三、运动休闲装的陈列要点

（一）卖场陈列要点

运动休闲装的陈列比男装、女装与童装的设计空间大，可以自由发挥。这主要归因于运动休闲装的生活定位较为宽松，不受过多限制。橱窗设计方面，应充分展现动感的陈列氛围，以更好地传达品牌积极向上的生活理念。

1. 功能性与美学结合

运动休闲服饰的陈列不仅要美观，还要突出其功能性。通过模拟运动场景或使用模特展示的实际穿着效果，可以让顾客直观地感受到产品的功能性和舒适度（图 7–53）。

图 7-53　功能性与美学结合陈列

图 7-54　互动体验陈列区

图 7-55　分类陈列

2. 互动体验区设置

设置互动体验区，使顾客能够试穿运动鞋，体验运动装备，或参与简易运动挑战。这样的互动模式能有效增加顾客的参与度和购物体验（图 7-54）。

3. 清晰的分类标识

商品按照运动类型（如跑步、篮球等）分类陈列，并配备明确标识以引导顾客。此举便于顾客迅速定位至感兴趣的商品区（图 7-55）。

4. 环保与可持续发展

展示运动休闲品牌的环保理念和可持续发展，例如采用可回收材料制作展示道具，或倡导低碳运动的健康生活方式。

5. 运动感表达

运动休闲品牌店铺设计应富有动感。陈列师可利用空间色块、产品色彩搭配，以及灯光效果，辅以悬挂的球类、运动主题壁画或动态显示屏，增强空间活力，打造积极向上的购物环境（图 7-56）。

6. 场景陈列

场景陈列分为大场景和小场景两种方式。大场景陈列是将整个卖场打造成一个统一的展示场景，设计主题涉及生活、户外等多个领域。陈列师需根据服饰品牌的个性特点来设计场景，并针对不同场景配备相应的道具（图 7-57）。小场景陈列则是在卖场内的一个或两个区域进行，其设计风格要与卖场整体风格相协调，以充分发挥小场景陈列的效果（图 7-58）。

7. 整洁有序陈列

在运动休闲品牌陈列中，展示、黄金、有效陈列区的层板应各自保持在同一水平线，以“线的一致性”帮助形成清晰的区域和块面，确保陈列区整洁有序。这不仅使消费者更容易理解产品故事或主题，还能通过虚拟线条维持区域内的一致性和聚焦。水平线连接不同板墙，垂直线则营造出陈列的视觉效果，顺应人们的视线习惯，增加陈列的层次感和气势，构建出逻辑性强的框架，便于顾客把握产品分布（图 7–59）。

8. 多样化和重复陈列

通过多样化的陈列方式和货品组合，各区域或货架可展现出独特的风格和特征。重复出样的方式不仅符合运动休闲装仓储式陈列的标准，还能形成吸引消费者注意的色块，为卖场增添视点，并增加产品容量（图 7–60）。

图 7–56　运动感表达陈列

图 7–57　大场景陈列

图 7–58　小场景（公路散步场景）

图 7–59　整洁有序陈列

图 7-60　多样化和重复陈列

图 7-61　夸张的网球道具在橱窗陈列中的使用

图 7-62　“指导性”标识道具应用

（二）道具的陈列要点

运动休闲服饰卖场里，道具陈列重点是运动休闲类的器具。这样可以更好地表达道具与服饰之间的关系，也可以让消费者展开丰富的想象。

1. 展示道具

运动休闲服货架的设计颇具讲究，需要具备一定的开放性和自由度，这样的设计给产品陈列提供了宽敞的空间。例如，陈列师想要突出表达户外运动的主题，用开放性较大的直板型货架，就可以轻松地将该主题相关的上衣、短裤、鞋、手套、包，乃至自行车等道具搭配在一起，进行集中的展示，无需局限于是否应该将上衣和鞋类分开陈列。

在运动休闲品牌展示中，使用跑步、瑜伽、登山等动作姿态的模特道具，能够更有效地展现服装的线条美，强调力量感和健康之美。选择更为轻盈活力的模特，能够为消费者营造一种轻松自在的想象空间；有时也可以打破单一的苗条审美标准，采用不同身材特征的模特组合，这样更能贴近广大消费者的实际需求。

具体到运动鞋的陈列，鞋墙是一个关键元素。在鞋墙的设计中，陈列师可以安排大多数鞋托以正面朝上展示，而在一排显眼的位置采用斜托方式。斜托的展示手法能够赋予鞋子一种动感，使得整个鞋墙显得生动活泼。值得注意的是，放置在斜托上的鞋子应当是想要突出展示的重点产品，即需要重点推广的商品。

2. 装饰道具

装饰道具包括运动休闲装的一些配套饰物、相关运动器具及户外休闲用具。装饰道具的运用可以使运动休闲品牌服用功能表达更加明确，对消费者有着装搭配指导意义。常用的陈列道具有登山包、登山鞋、帐篷、自行车、羽毛球拍、网球等（图 7–61）。运动品牌在卖场陈列中经常会运用一些具有“指导性”的标识。例如把慢跑系列产品的陈列背景设计成跑道，或者在鞋墙的最上面写上“Running”的字样（图 7–62）。

（三）节日的陈列要点

运动休闲装的节日陈列操作相对容易掌握。这主要得益于其款式多样、场景易于变换，爆发的最大活力可以表现在节日的气氛当中。运动休闲装节日橱窗的设计是卖场陈列的重点。

课后练习

一 . 填空题

1.__________ 强调整体着装的统一性，较少使用夸张、烦琐的装饰。

2. 女装的卖场道具陈列方法有 ________________________、________________________、________________________ 三种。

3.__________ 是指舒适、实用、轻便型的着装。

4.__________ 就是把整个卖场打造成一个统一的展示场景，设计主题涉及生活、户外等多个领域。

5. 在运动休闲品牌的陈列中，__________、__________、__________ 三个区的层板应各自保持在同一水平线上，“__________”有助于在卖场形成区域与块面，确保陈列区整洁有序。

二 . 选择题

1.（　　　）是在一个特定陈列主题下，通过灯光和道具组合设计及实施，将卖场整体或局部改变成具有故事性的场景。

A 场景陈列

B 童趣生活模拟

C 主题陈列

D 层次陈列

2. 运动休闲服的货架的设计是很有讲究的，要具有一定的（　　）和（　　）。

A 封闭性

B 开放性

C 自由度

D 稳定性

3.（　　）是指富有知识、教养和城市感的着装，有着简洁干练、干净利落的直线条，给人以斯文的着装印象。

A 休闲风貌

B 运动风貌

C 成人风貌

D 学府风貌

4.（　　）能够体现出陈列师不同的创意，增加儿童的认同感和归属感，引起儿童对该品牌的喜爱。

A 场景陈列

B 童趣生活模拟

C 主题陈列

D 层次陈列

5. 男装陈列的特点有（　　）。

A 休闲装和正装分区

B 男装陈列店面要宽敞干净

C 色彩、款式搭配要和谐

D 焦点区位的合理应用

三、思考题

随着年轻人对中国传统文化认同感日益提升，将中国古典美学元素同现代服装廓形创意结合的新中式服装开始盛行。请你谈谈新中式服装的陈列要点有哪些？

Recommend
推荐书目

《全球时尚店铺》

[新西兰]布兰登·麦克法兰编，李楠、贾楠译的《全球时尚店铺》，于2018年5月由广西师范大学出版社出版。该书涵盖40余个案例。选取的案例为设计感强的零售店，店铺的室内设计能够充分展现品牌形象及产品。该书将选取的案例分为服装、化妆品、配饰、花店等几大类，并分类向读者介绍时尚店的设计特点。为读者呈现项目时，每个项目均配有丰富的图片，包括实景图和平面图等，多角度且详细地展现了店铺的空间设计。为了使读者更清晰地了解每家店铺的设计理念和亮点等方面，每个项目还配有文字说明，进行了详细描述，全方位地向读者阐述店铺的设计细节及商店所传达的品牌概念等。该书除呈现丰富的案例之外，还详细介绍零售店设计的发展情况，预测未来发展趋势。

《商业店面设计》

[意]斯特凡诺·陶迪利诺编，张晨译的《商业店面设计》，于2015年3月由辽宁科学技术出版社出版。该书根据店铺类型、位置、产品和建筑元素等因素，带领读者了解优秀店面从规划到设计的全过程。书中收录了140多个精彩的店面设计案例，展现店面设计中的流行趋势以及各大品牌独特的店面设计风格。每个案例不仅展示了店面的外观，还有针对性地介绍了设计理念、建筑材料和施工方法等设计细节。该书分为八个主要部分，分别是简介、店面的构成、店面设计规划、传统店面的翻新、新店面设计准则、建筑元素设计方法、安保设计、优秀设计案例，配以精美照片和图纸。

《图解陈列设计手册》

陈根编著的《图解陈列设计手册》，由化学工业出版社于2018年5月出版。该书围绕陈列设计的基本知识和应用技巧，面向商业陈列实战需要，以世界范围内经典的陈列展示为案例，具有较强的启发性、示范性。运用大量简图和实景陈列图来图解说明陈列方法和技巧，是该书的一大特色。

参考文献

[1] 王士如，林海 . 国际服饰店堂陈列经典 [M]. 北京：东方出版社，2006.

[2] [韩] 金顺九，[韩] 李美荣，穆芸 . 视觉・服装——终端卖场陈列规划 [M]. 北京：中国纺织出版社，2007.

[3] 阳川 . 服饰陈列设计 [M]. 北京：化学工业出版社，2008.

[4] 徐斌 . 服装展示技术 [M]. 北京：中国纺织出版社，2006.

[5] 冷芸 . 时装橱窗艺术：让橱窗诉说品牌故事 [M]. 上海：上海书店出版社，2005.

[6] 曹赢超，马赛 . 橱窗里的琐碎：时尚橱窗展示细节设计 [M]. 北京：中国轻工业出版社，2009.

[7] 缪维 . 商品展示环境色彩设计 [M]. 北京：中国青年出版社，2008.

[8] 刘君 . 伦敦时尚橱窗设计：时尚篇 [M]. 武汉：湖北美术出版社，2009.

[9] 张晓黎 . 服装展示设计 [M]. 北京：北京理工大学出版社，2010.

[10] MCOO 时尚视觉研究中心 . 陈列设计 [M]. 北京：人民邮电出版社，2011.

[11] [英] 托尼・摩根 . 视觉营销：零售店橱窗与店内陈列 [M]. 陈望，译 . 北京：中国纺织出版社，2009.

[12] 吴立中，王鸿霖 . 服装卖场陈列艺术设计 [M]. 北京：北京理工大学出版社，2010.

[13] 韩阳 . 卖场陈列设计 [M]. 北京：中国纺织出版社，2006.

[14] 周同，王露露，张尧 . 陈列管理 Q&A 陈列管理实物 72 问 [M]. 沈阳：辽宁科学技术出版社，2010.

[15] デザイン情報サイト . 東京ショーウィンドウ [EB/OL]. [2023-12-24]. http://www.japandesign.ne.jp/showwindow/.